未来成功人 10Q 全商培养

逆商 *Adversity Quotient* —逆境商数（AQ）

AQ 逆商

总策划／邢 涛　主 编／龚 勖

感谢挫折，
感恩帮助

华夏出版社

高逆商成就大辉煌！

逆商（Adversity Quotient）这一概念最早是由美国职业培训师保罗·斯托茨提出的，它是指人们面对逆境时的反应方式，即面对挫折、摆脱困境和超越困难的能力，是一种不屈服于任何逆境的生活态度和思考方式。

我们每个人的生活都不是一帆风顺的，总会遇到各种各样的挫折，身陷逆境。逆境看起来似乎是对我们的折磨和摧残，但另一方面它更能磨炼我们的意志，激励我们克服前进道路上的障碍和困难，使我们风雨兼程、奋发向上，取得人生的辉煌。

巨石拦路，勇者把它视作前进的阶梯，弱者则把它视作回头的理由。可以说，人们对逆境不同的态度，会产生不同的人生结局和命运。那么如何成为一个高逆商的人呢？本书将告诉你提升逆商的秘诀，让你在逆境面前勇往直前，实现人生的自我超越。

本书以全面激发同学们的逆商潜能、提升同学们的抗挫折能力为出发点，结合少年儿童的心理特点和认知规律，精心采撷激励同学们奋发向上的故事和游戏，将忍耐力、意志力、自信、自立、自强等优秀品质化成一股股清泉，滋润同学们的心灵。书中的每个故事都寓意深刻，并且都有画龙点睛的引言、点评和培养策略，让同学们在阅读的同时，学会在逆境中调适自我，用非凡的勇气和毅力，锲而不舍地将自己塑造成一个性格完美的人。故事后设有有趣好玩的游戏，更能激发同学们的学习兴趣，让同学们真正地吸取其精髓，使自己的逆商指数得到全面提升。最后一章"逆商大检阅"则是以综合训练的形式设置了热身关、启动关、加油关、冲刺关、终结关共五关，供同学们进行自测自评。

要成就辉煌、得到欢乐就必须能够承受痛苦和挫折，这是对人的磨炼，也是一个人成长必经的过程。读完本书，相信你在面对人生的逆境时一定能够愈挫愈勇，以毫不动摇的决心和坚定不移的信念，战胜一切困难，成为一个出类拔萃的人。

目录 CONTENTS

3 超越自我赢未来
——自信自强，全力以赴

目录 CONTENTS

4 逆商大检阅
——打造心灵的韧度

1 微笑面对磨难

——挑战你的忍耐力

　　我们都希望自己的生活中能够多一些快乐少一些痛苦，多一些顺利少一些挫折，可是生活却似乎总爱捉弄人，总是带给我们那么多的失落、痛苦和挫折。面对挫折，我们该怎么办呢？

　　通过本章的学习，你将会认识到挫折虽然给人以打击，但也能使人奋起，变得坚强起来！只要我们用积极、乐观的态度去迎接挑战，挫折将变成我们人生道路上的一笔宝贵财富。

必须承受的痛苦

● 从哭喊着不愿打针，到自愿去医院打针，小女孩的心境何以发生如此大的转变？

周末的时候，鲍勃三岁的女儿看起来有点无精打采的。鲍勃摸了摸女儿的额头，发现她有点发烧，便把她送去了医院。医生确诊女儿为扁桃体发炎，并给她开了十支针剂。这是五天的药量，也就是说女儿每天都要打两针。

开始的两天，都是鲍勃的妻子带女儿去打针的。女儿怕疼不愿意去，妻子便骗她说不打针，只是去医院取一些药。可到了医院，当那尖利的针头要刺进女儿的小屁股时，她发现自己被骗了。愤怒与疼痛让女儿的哭声响彻整个医院，连医生都害怕她会因此而闭过气去。

看着女儿痛苦的样子，妻子也心疼地流下了眼泪。到第三天的时候，她实在不忍心带女儿去打针了，便把这重任交给了鲍勃。

鲍勃虽然也很心疼女儿，却不得不担负起这份责任。他来到女儿的

卧室，把药剂和注射单藏在身后，和颜悦色地对正在床上翻图画书的女儿说："宝贝，爸爸带你去打针吧。"

"爸爸，打针很疼。"女儿可怜兮兮地看着鲍勃说。

鲍勃坐在女儿身边说："如果不打针你的病就好不了，也不能去幼儿园，爸爸妈妈还得在家陪着你。这样家里就没有人赚钱了，谁还会给你买玩具和零食呢？"

"那我以后再也不要玩具了，也不吃零食了，好不好？"女儿的小脸上写满了委屈。

鲍勃没再说话，他不想逼女儿，虽然女儿只有三岁，但这个问题终究需要她自己思考。

女儿犹豫了一会儿，终于无可奈何地把小手伸向鲍勃，"爸爸，我们走吧！"女儿想通了，鲍勃欣慰地抱着她向医院走去。

女儿本来还很坚强，可她一看到医生拿出了针管，便又有些退缩了。她怯怯地请求医生："伯伯，您打的时候轻一点儿好吗？"

"乖，不要怕，伯伯打针不疼的。"医生温和地劝慰着女儿。

打针的时候，女儿没有忍住，又哭了出来，不过在针还没拔出来的时候就已经哭完了。医生察觉到了女儿的进步，忍不住夸赞她道："这样多好啊，争取下次不哭哦！"

第四天刚吃完午饭，女儿便说要回屋午睡了。

下午两点多，鲍勃来到女儿的卧室门口，发现她已经睡醒了，正不知在琢磨些什么。女儿的表情是那么认真，竟没有发现站在门口的鲍勃。

鲍勃笑了笑，转身回了客厅。

三点的时候，鲍勃再次来到女儿的卧室。他进门时，女儿是睁着眼的，可一看见鲍勃，她便开始闭目装睡。女儿的两弯睫毛轻微地颤动着，在她的脸上投下了两道小小的阴影。

鲍勃的心猛然一颤——原来刚才她聚精会神地思考，就是为了想出这个自以为很好的办法来逃避打针。

"宝贝，醒醒！回来再睡。打了针你的病才能好，你难道不想念幼儿

园的小朋友吗？爸爸妈妈也要回去工作了啊。"鲍勃硬着心肠把女儿拉了起来。

女儿委屈地看着鲍勃，晶亮的眼睛里似乎蒙上了一层雾气。

鲍勃心疼地抱起女儿，慢慢向医院走去。

"宝贝，爸爸也知道打针很疼，可生活中有很多事、很多痛苦，是别人无法替你承受的，你只能自己承受。"鲍勃对怀中的女儿解释着，他相信她会懂的。

女儿似乎真的懂了，她那稚嫩的小脸瞬间刚毅了起来。

这一次，女儿没有哭，她安静地看着医生拔出针头，默默地忍受着。即使疼痛让她的嘴唇都颤抖了，她也没让一滴眼泪掉下来。"你真棒！孩子。"打完针，医生也不禁对女儿竖起了大拇指。

鲍勃重新把女儿抱回怀里，在她红扑扑的脸颊上重重地亲了一口，他真为女儿的勇敢而骄傲。

回家后，鲍勃迫不及待地把女儿的表现告诉了妻子。妻子也被女儿的变化所感动了，她笑着对女儿说："我们的宝贝真的长大了，告诉妈妈你想吃什么？今天妈妈要好好地犒劳宝贝。"女儿开心地欢跳起来，她似乎也为自己的勇敢而自豪着。

■ 撰文/爱默生　■ 编译/李珊珊

励志人生 / Endeavourers Life

人生中有些痛苦可以逃避，但更多的苦难无法逃避。这时，你只有选择勇敢、大胆地去面对和承受，才能对痛苦免疫。不经历风雨，怎能见彩虹？就让今天的承受变成明天的希望吧！

培养策略 / Training Strategy

忍耐力与勇气紧密相关，当遇到困难时，我们首先要做的就是勇敢地面对。比如，有的同学一考试就紧张，总怕自己考不好，该怎么克服呢？其实只要我们学会勇敢面对，冷静地分析一下自己害怕考试的原因：是某一方面的知识有欠缺，还是自己不够自信？然后努力把自己没掌握好的知识多复习几遍，彻底搞懂它，就能充满自信地去迎接挑战。

未来成功人10Q全商培养

这是件好事

明明有一句口头禅："很好，这是一件好事。"在他眼里，什么样的事都是好事。一次，他的好朋友端端考试没考好，正在唉声叹气，明明在一旁看到了，口头禅又来了："很好，这是一件好事。"你认为明明为什么会这么说呢？

■ 你的看法 /

A.这说明明明有一个积极乐观的生活态度，他能够笑迎一切困难。

B.这次考试没考好，只要能从中吸取教训，获得前进的动力，争取下次考好，坏事当然就变成了好事。

C.这可能是明明在幸灾乐祸。他此时应该管住自己的嘴巴，好好安慰端端才对，怎么能说风凉话呢？

■ 点评 /

选A的同学：

你的想法很好哦，看来你也是一个乐天派。

选B的同学：

有了乐观的心态，就能把挫折当成前进的动力，下次一定会考好的。

选C的同学：

你要安慰端端的想法是好的，可是并不能因此判断明明在幸灾乐祸啊，因为激励端端把坏事变成好事，也是一个很棒的做法哦。

所以A和B是最佳选项。

■ 专家悄悄话 /

事情发生了，到底是坏事还是好事，就看你看待这件事情的态度了。乐观的人能把所有坏事变成好事，把每一次失败当成学习的机会，从中吸取经验教训，变逆境为顺境。所以，如果我们每个人都能以饱满的热情和积极向上的心态生活、学习，那么我们的每一天都会充满阳光。

别松弛了心灵的琴弦

● 来自外界杂音的干扰我们无法阻止，但我们可以绷紧心灵的
琴弦。

一次音乐课上，大音乐家奥尔·布尔告诉学生——不要演奏任何失调的乐器，因为一旦这样做了，你就不能潜心区分音调的各种细微差异，就会很快地模仿和附和乐器所发出的声音。这样，你的耳朵就很容易失灵。

说着，布尔拿过一把看似很普通的小提琴，提醒学生注意听他的演奏，然后判断一下是不是有一根弦松了。

拉完一曲，布尔又拿起另一把做工非常精美的小提琴，告诉大家这是一把维也纳著名的制琴大师刚刚制作的好琴。他用它把刚才那支曲子又演奏了一遍。

然后，他问学生："仔细比较一下，是不是第一把小提琴有根弦松了，是不是音调有一丝的不和谐？"

一位学生站起来说："是的，第一把琴是有根弦松了。"

"没错。是松了一点点，仔细听就能听出来。"另一位学生也站起来补充道。

布尔走到教室后面的一位学生身旁，问他是否也听出了有根琴弦松弛了，这位学生肯定地点头附和。

接着，他又问了其他学生，他们都说听出来了，第一把琴确实有根弦松了。还有的学生说，那琴音都因此有点儿粗糙了。

直到所有的学生都认为第一把琴有根弦松了，布尔才微笑着请大家再听他用这把琴把刚才那支曲子演奏一遍，看看是否能听出究竟是哪一根弦松了。作为对比，布尔还用那把漂亮的琴演奏了一遍。

学生们受了鼓励，都向前围拢过来，紧紧地盯着布尔拉琴的手，竖起了耳朵，希望自己能够在名师面前辨别出哪根是松了的弦。

布尔刚演奏完毕，学生们便指着桌上的第一把小提琴，七嘴八舌地争论开了。他们每个人都找到了自己认为松弛的琴弦，并为自己的判断找到了看似充分的理由。

布尔一直沉默地听着学生们的发言，未作任何评判。

过了好长一段时间，教室静了下来。学生们都把目光投向了布尔，等待大音乐家揭示答案，看看究竟是哪一根弦松了。

然而，布尔却举着学生们刚才评点的琴，郑重地告诉他们："这可是一把精制的小提琴啊！一位著名调琴师刚刚把它调试好，根本就没有一根弦是松的。倒是这一把外表精美、做工精巧的琴，有两根弦都松了，你们看，就在这里。"顺着布尔的手，大家果然看到了他们没有留意的两根松弛的琴弦。

"啊。原来是这样！"学生们惊讶得一时呆住了。

"你们都轻信了我刚才故意做的那些误导，轻信了那根不存在的虚幻的'松弛的弦'。其实，我真正的用意是要提醒大家——今后，无论是拉琴，还是生活，都要学会倾听。不仅要学会用耳朵倾听，还要学会用心灵倾听。尤其是在那些需要聚精会神的时候，千万不能松弛了你们心灵的琴弦。"布尔语重心长地教诲道。

布尔以其新颖的授课方式，向人们揭示了一个深刻的道理——在人生的旅途上，当你放弃了自我，轻易地盲从于他人，就很有可能失去正确的方向。也只有永不松弛你心灵的琴弦，始终竭尽自己的心力去做事，才能演奏好你人生的乐章！

■ 撰文/崔修建

励志人生 / Endeavourers Life

我们生活在一个丰富多彩的世界里，总是被外界那繁杂纷乱的事物所干扰。就像这来自松弛琴弦的琴音，是否也干扰了你的判断？其实，在我们的生活中，还有许多来自各方面、各领域的声音，如果我们不能坚定自己的立场，那么难免会被这些声音所左右。所以，只有认真思考，不盲从他人，才能找到属于自己的方向！

培养策略 / Training Strategy

凡是在某一领域取得成就的人，必能坚定自己的信念，不为外界诸杂务所扰。这份坚定不仅源于对梦想的执着，更来自对自己的信心。对于我们学生来说，想要培养坚定的信念，可以从身边的一些小事做起。比如课堂上回答老师的问题，只要是自己认真思考得出的答案，就应该敢于坚持，不要随波逐流、人云亦云。这样即使最后你的答案不是正确的，你也会更深刻地理解问题，从而取得进步。

壮壮的队服

壮壮参加了学校的足球队。新队服发下来了，壮壮的队服号码是44号。他对此产生了很多想法，你认为哪个合理呢？

■ 你的看法 /

A.我是44号，太有特点了，我喜欢。

B.44号太不吉利了，我要求老师调换一下。

C.号码只是个符号，并不代表什么，我只要踢好我的球就好。

■ 点评 /

选A的同学：

你一定是个开朗活泼、积极乐观的孩子，能勇敢地面对一切挑战。

选B的同学：

其实，号码是多少并没有什么本质的区别，挑挑拣拣有什么意义呢？

选C的同学：

你的心态非常好，能够认识到事情的本质，不被一些无足轻重的事情干扰。

所以A和C都是正确的。

■ 专家悄悄话 /

生活从来不是十全十美、万事如意的，面对生活的赐予，我们应该欣然接受，做一个积极乐观的人。只有保持良好的心态，以积极乐观的态度看待问题，才能发现生活的美好。

萝卜花

● 那一朵朵萝卜花，是生命盛开的花朵，成了每个人心中
  的景致……

萝卜花是一个女人雕刻的，用料是萝卜，她把它雕成一朵朵月季花的模样。花盛开，很喜人。女人在小城的一条小巷子里摆地摊，卖小炒。

一小罐煤气，一张简单的操作平台，木板做的，用来放锅碗盘碟，她的摊子就摆开了。她卖的小炒只有三样：土豆丝炒牛肉、土豆丝炒鸡蛋、土豆丝炒猪肉。

女人三十岁左右，瘦，皮肤白皙，长头发用发卡别在脑后。惹眼的是她的衣着，整天不离开油锅，应该很油腻才是，可事实并非如此。她的衣服极干净，外面罩着白围裙。衣领那儿，露出里面的一点红，是红毛衣，

或红围巾。她每过一会儿，就换一下围裙，换一下袖套，以保持整体衣着的干净。令人惊奇且喜欢的是，她每卖一份小炒，就在装给你的方便盒里放上一朵雕刻的萝卜花。

"为什么每份小炒里总要放上一朵萝卜花呢？"有人问。

"这样装在盒子里的，才好看。"她说。

不知是因为女人的干净，还是她的萝卜花，一到吃饭时间，女人的摊子前总是围满了人。五块钱一份的小炒，大家都很耐心地等待着。

女人不停地翻炒，而后装在方便盒里，而后放上一朵萝卜花。整个过程充满美感。于是，一朵一朵素雅的萝卜花，就开到了人们的饭桌上。

我也经常去买女人的小炒。去的次数多了，就渐渐地知道了她的故事。

女人以前有个很殷实的家。男人是搞建筑的，还算有钱；女人也没有什么需要操心的事，每日只是接送孩子上学放学，在家做做家务，打扫打扫卫生，购购物，再就是做好饭等着男人和孩子一起享用。一家三口过得美美满满，羡煞旁人。

但不幸的是，一次，男人在建筑工地查看进度，失足从尚未完工的高楼上摔了下来，被送进医院，医院当场就下了病危通知书。女人当时一下子瘫软在地上。不过，片刻过后，她就恢复了镇定。女人几乎倾尽所有来抢救男人，终于捡回了男人的半条命，不过男人瘫痪了。

从此，女人的生活不再优裕。年幼的孩子、瘫痪的男人，女人得一肩扛一个。她考虑了许久，决心摆摊卖小炒。

有人劝她，街上有那么多家饭店，你卖小炒能卖得出去吗？女人想，也是，总得弄点和别人不一样的东西吧？于是她想到了雕刻萝卜花。

她毅然买来了刻刀。女人以前学过绘画，有些美术功底。她靠着自己的天赋，凭着想象，一刀一刀地雕开了。别看那刻好的萝卜花栩栩如生，犹如真花一般，可是看花容易刻花难呀！不知道报废了多少个萝卜，一朵水灵灵红艳艳的萝卜花终于呈现在眼前了。

当女人静静地坐在桌旁，欣赏着自己手中的萝卜花时，突然被它的美镇住了，一根再普通不过的萝卜，经过精雕细琢，竟能开出一小朵一小朵的花来。女人的心，一下子充满期盼和向往。

就这样，女人的小炒摊子摆开了，并且很快成为小城的一道风景。下班后赶不上买菜的人，都会相互招呼一声，去买一份萝卜花吧，于是就都晃到女人的摊前来了。

一次，我开玩笑地问女人："攒多少钱了？"女人笑而不答。一小朵一小朵的萝卜花，很认真地开在她的手边。

不多久，女人竟出人意料地盘下一家酒店，用她积攒的钱。她负责配菜，还把瘫痪的男人接到店里管账。女人依然衣着干净，在所有的菜肴里，依然喜欢放上一朵她雕刻的萝卜花。"菜不但是吃的，也是用来看的。"她说着，眼睛很亮。一旁的男人气色也好，没有颓废的样子。

女人的酒店慢慢地出了名。提起萝卜花，大家都知道。

生活，也许避免不了苦难，却从不会拒绝一朵萝卜花的盛开。苦难和幸福一样，都是生命盛开的花朵。

■ 撰文/丁立梅

励志人生 / Endeavourers Life

女人活得认真，活得仔细，活得乐观，她相信美好的生活就在自己雕刻着的手里。生活是一面镜子，假如你给它一副愁容，它就会还给你一片阴云；你给它一个微笑，它也会还给你一片阳光。积极、乐观地面对生活，才能让生命的每一天充满阳光。

培养策略 / Training Strategy

要使逆商得到提升，就要有一个辩证的挫折观，经常保持自信和乐观的态度，要认识到正是失败本身才最终造就了成功。面对逆境，你不要片面地认为它只会给你带来灾难，要想到逆境也是成功的一个机遇，时刻提醒自己，逆境的结果并不像你想象的那样严重，这样才能最终战胜它。

沙哑的歌声

畅畅很喜欢唱歌。可是，因为小时候的一场病，她的嗓音变沙哑了。现在，学校要举行演唱会了，畅畅可想报名参加了。你觉得她应该报名吗？

■ 你的看法 /

A.还是别参加了，否则到时候引来台下一片嘘声，会很难堪的。

B.可以和同学们一起表演一个大合唱的项目。这样，畅畅的声音混在里面谁也听不出来。

C.我支持畅畅参加比赛，她可以选择唱一些忧伤的歌曲，一定会打动观众。

■ 点评 /

选A的同学：

知难而退可不是勇敢者的行为哦。

选B的同学：

这也是一个办法，不过有些缺乏自信哦。

选C的同学：

对，找准自己的特点，发扬自己的长处，一定会成功的。

所以B和C都是可取的，但C是最佳选项。

■ 专家悄悄话 /

遇到困难不要轻言放弃，根据自身条件，选择适合自己的道路才是最主要的。一遇到困难就打退堂鼓，等于放弃了自己的锻炼机会，也就放弃了成功的可能。

你也可以很优秀

● 挫折并不可怕，因为它并没有封杀通往成功的道路。真
正可怕的是，你在挫折面前放弃进取精神而甘于沉沦。

那是一个飘雪的冬日，他所在的那家企业，在风雨飘摇了许久后，终于彻底地倒闭了。

在他正为四处求职无着落而苦恼时，远在家乡县城一隅的高中同窗阿水突然光临了。

几句简单的交谈后，他惊讶地得知：连续三年高考落榜的阿水，经过几年默默地打拼，如今已是文坛颇有名气的自由撰稿人。

想当年，他和阿水都喜欢舞文弄墨，他俩的作文常常是老师课堂讲评的范文。只是阿水的数学和外语成绩一塌糊涂，没考上大学也就顺理成章了。

后来，他得知阿水去了补习班，又连着考了两年大学，结果总分都没过线，便彻底地放弃了进大学中文系的梦想。

出了校门，由于学历限制，阿水找工作找得也异常艰难，他先后卖过报刊、在县城图书馆打过杂儿、当过县电台的通讯员，后来干脆做起了自由撰稿人。

阿水轻描淡写地问他："猜猜，我现在一年的稿费能挣多少？"

他连着猜了几个数字，阿水都笑着摇头说"NO"，最后口气轻松地告诉他——他一年纯收入五十万元。

他不禁目瞪口呆了：要知道，那相当于他曾工作过的那个有数百名职工的企业经营最好的时候，半年所获得的全部利润啊！

"你干得真是太棒了！"他不由得连连慨叹。

"其实这根本没什么，有句话说得好——只要肯拼搏，谁都可以拥有一份独特的优秀。明天我领你去见识一位成功者，相信他真实的经历，会给你上一节更生动的人生经营课。"阿水的自信感染了他。

于是，他和阿水来到了市郊的一座现代化的养鸡场，拜访了那位名震海内外的"养鸡大王"。

采访的过程中，他对眼前这位名叫林深的农民企业家敬佩得五体投地。

他以五十只鸡雏起步，几经挫折，后来又凭着两百万元的高风险贷款，经过短短八年的艰苦打拼，现在已拥有了十五个大型养鸡场、三十多个相关的分公司、个人纯资产逾亿元。近几年，他更是把自己的品牌鸡蛋卖到了美国、日本等几十个国家大大小小的市场……

当问及他的学历时，林深不无羞涩地告诉他们——他最高的学历是初中肄业。

但林深接着说出的一句话，却让他一生难忘——"没有一流的学历，也可以干出一流的成绩，谁都可以做得很优秀，只要愿意努力，善于努力。"

没错，同窗阿水和这位农民企业家相似的成功之路，都在告诉他：只要不放弃心中的梦想，从眼前的点滴做起，用智慧和汗水去打拼，就一定会搏出属于自己的独特的优秀……

从那年的冬天开始，他不再消沉，而是认真地对待眼前的每一件简单的小事，干好手头平凡的工作。

短短的几年间，一连串的成功，也神奇地降临到他的头顶——并非师范院校毕业的他，竟成了教学成绩显著的"名师"，从中学调入中专，后来又调到了大学里。

业余时间，他勤奋笔耕，和阿水一样成了众多报刊竞相约稿的著名撰稿人。如今，他已经获得了博士学位，成为那所重点大学里的知名教授。

■ 撰文/崔修建

励志人生 / Endeavourers Life

生活的道路上，谁都难免会遇到一些挫折。挫折并不可怕，可怕的是遇到挫折时不知所措。正如奥斯特洛夫斯基所说："人的生命似洪水在奔腾，不遇着岛屿和暗礁，难以激起美丽的浪花。"只有我们在挫折面前激流勇进，那么人生才会迎来一个缤纷多彩的世界。让我们学会笑对挫折吧，因为它也是人生的一种馈赠。

培养策略 / Training Strategy

要想成为一个高逆商的人，就要点燃对生活的激情，用积极的心态去迎接一切挑战。理解与关怀是治疗消极心态的最佳药物，当别人遇到困难的时候，你可以做一些简单的善意举动来表达自己的关心，帮助别人解决困难。在将快乐带给别人的同时，你自己也同样可以从中获得力量。

康康的数学题

暑假就要过去了，可是对老师布置的数学题，康康还有几道没有做出来。明天就要交作业了，这可急坏了康康。同学们，快替康康出出主意吧。

■ 你的看法 /

A.想了半天都没做出来，那就去请教一下爸爸妈妈吧。
B.静下心来，认真想一想课本上相似题型的解法，努力寻找解题思路，你一定会靠自己的力量解出来的。
C.实在做不出来就放弃吧，等开学了找同学的作业抄抄不就行了。

■ 点评 /

选A的同学：

实在做不出来的时候，请教一下爸爸妈妈也不失为一个办法。不过，可不能形成依赖父母的习惯哦，一定要先认真思考，争取独立完成作业。

选B的同学：

经过认真思考，自己解决难题，这才是最棒的。

选C的同学：

抄作业是一种非常不好的行为，这对同学们的学业及品行的养成都有很恶劣的影响。

所以A和B选项都是可取的，但B是最佳答案。

■ 专家悄悄话 /

面对困难，我们要有迎难而上的精神，抱着一种积极进取的心态，采取明智的方式战胜它。

牌是上帝发的

● 上帝只能决定牌好牌坏，却无法决定谁赢谁输。因为发
牌的是上帝，打牌的是自己。

艾森豪威尔是美国第三十四任总统，他年轻时经常和家人一起玩纸牌
游戏。艾森豪威尔玩牌有个特点，就是牌好的时候兴致特别高，
牌差的时候就打不起精神，有时甚至中途弃牌不玩。这个习惯让大家很扫
兴，母亲对此很担忧，总想找机会教育他。

一天晚饭后，他像往常一样和家人打牌。这一次，他的运气特别不
好，每次抓到的都是很差的牌。开始时他只是有些抱怨，后来，他实在是
忍无可忍，便发起了少爷脾气。

这时，一旁的母亲看不下去了，正色道："既然要打牌，你就必须用
手中的牌打下去，不管牌是好是坏。好运气是不可能都让你碰上的！"

艾森豪威尔听不进去，依然忿忿不平。母亲于是又说："人生就和这
打牌一样，发牌的是上帝。不管你名下的牌是好是坏，你都必须拿着，你
都必须面对。你能做的，就是让浮躁的心情平静下来，然后认真对待，把
自己的牌打好，力争达到最好的效果。这样打牌，这样对待人生才是有意
义的！"

艾森豪威尔此后一直牢记母亲的话，并激励自己去积极进取。就这
样，他一步一个脚印地向前迈进，成为中校、盟军统帅，最后登上了美国
总统之位。

上帝发的牌总是有好有坏，一味埋怨是没有半点用处的，也无法改变
现状。印度前总统尼赫鲁也曾经说过这样一句话："生活就像是玩扑克，
发到的那手牌是定了的，但你的打法却取决于自己的意志。"一个人所处
的环境靠个人也许无力改变，但如何适应环境则是自己完全可以控制的。

人的一生难免会碰上许多问题，遇到不少挫折，在面对问题和挫折时，怨天尤人解决不了任何问题，积极调整好生活态度，勇敢地迎接人生的挑战，并尽最大的努力去做好每一件事，这才是最佳的选择！

■ 撰文/杨协亮

励志人生 / Endeavourers Life

如果拿到了人生中不好的牌，你是选择怨天尤人还是专心研究打法？此时，积极的心态、灵活的应对方式，便是最大的智慧。无论牌局是赢是输，你都会因为竭尽全力而不留遗憾。

培养策略 / Training Strategy

要想成为一个高逆商的人，保持积极进取的心态，凡事向好的方向想、向好的方向努力争取是关键。积极的心态会增加你的力量，消极的心态会摧毁你的力量。比如，面对一份刚及格的成绩单，积极心态的人会从中获得反思的力量，激励自己下次考好；而消极心态的人只会因此而意志消沉，从而失去成功的希望。

锻炼灵魂，让自己真正强大起来

■ 巴尔扎克 | Balzac
在苦难中重生

　　法国文豪巴尔扎克从小对文学有一种天生的热爱。大学毕业后他想当作家，却遭到父母的强烈反对，但他还是坚持自己的志向。他尝试了两年的文学创作，却都以失败告终。他经营过铸字厂、印刷厂等，但最终都倒闭了。经商的失败，使巴尔扎克重新回到文学创作上来。他疯狂地进行写作，凭借自己顽强的毅力抵御困苦的折磨，排除杂念的干扰，创作了《人间喜剧》，缔造世界小说史上的一个奇迹。

■ 亨利·威尔逊 | Henry Wilson
逆境是成功的阶梯

　　美国副总统亨利·威尔逊出生在一个贫困的家庭里。当还在摇篮里时，他就已经品尝到了贫穷的滋味。他在十岁时就离开了家，当了十一年的学徒，每年仅可以接受一个月的学校教育。威尔逊没有被生活的困苦和艰辛吓倒，他紧紧抓住一切能利用的零星时间发愤学习。在他二十一岁时，已经读了一千本好书，十二年后，他进入了国会。

■ 亚伯拉罕·林肯 | Abraham Lincoln
只上过一年学的美国总统

　　美国总统林肯小时候家里很穷，他只上了不到一年的学就开始跟着父亲劳动了。二十一岁那年，林肯离开家乡，独自一人外出谋生。为了生活，他什么活都干：打过短工，当过水手、店员，还干过伐木、劈木头的力气活。在异常艰苦的环境中，林肯始终没忘记学习，他刻苦自学，终于通过考试当上了律师。律师这个职业，成为他为改变黑人奴隶制而从政的阶梯。

生活在黑暗中的光明使者

● 她的世界只有黑暗，但她却以自强不息的顽强毅力给人
类带来了光明。

1880 年，在美国亚拉巴马州北部，
有名女婴从高烧中死里逃
生。可惜她逃过了死亡的浩劫，却没逃出后遗症
的阴影——从此她不能看、不能听，连开口说
话都变得希望渺茫。

这个出生仅十九个月就既盲又聋的孩
子，就是《假如给我三天光明》的作者海
伦·凯勒。那么，她是怎么成长为让世界惊
叹的作家和演说家的呢？

疾病夺走了海伦的眼睛和声音，将她推进似
乎一生都走不出的黑暗牢笼中。可是小小的海伦极有毅
力，很快她就学会凭借别的感官来认识多姿多彩的世界。
她紧跟着母亲，拽着母亲的裙摆，去接触不同的事物。她积
极地触摸所能触及的各种东西，并开始模仿家人的动作。不
久，海伦就可以独立做一些事，比如揉面团或挤牛奶。
通过触摸别人的脸或衣服，她能辨
认出那是谁。她甚至可以靠不
同植物的味道和地势来辨

识自己在花园中所处的位置。

　　为了和家里人交流，海伦所发明出的手势有六十种之多。如果她想要冰激凌，就会用手抱住自己装出发抖的样子；若是她想要面包，就会比划出切面包和抹黄油的手势。

　　虽然这个世界让小小的海伦陌生且迷惑，但通过努力，她已开始逐渐认识它。与许多同龄人相比，海伦无疑是聪明而极其敏感的。

　　海伦开始意识到自己与别人的迥异之处，是五岁时。她发现家人用嘴交谈，而不是像她一样比手画脚。两个人在说话的时候，她站在他们中间触摸他们的嘴唇却无法明白他们在讲些什么。当她想像别人一样讲话时，无论怎样费力，别人都弄不懂她的意思，因为她发出的声音没有任何含义。这个认识让她极其懊恼，她开始经常性地在房子里又踢又喊，乱跑乱撞。

　　她变得狂野不驯，她的怒气随着年龄的增长越来越大。她会因为得不到想要的东西而大发脾气，直到家人顺从她才罢休。她还会粗鲁地从别人盘里抓食物，把易碎的物品胡乱摔在地上。甚至母亲都曾被她锁在厨房里。家人认为海伦急需接受教育，于是，海伦七岁生日前夕，安妮·沙利文老师来到了她的家中，从此与海伦朝夕相伴长达半个世纪，她以温柔慈爱和知识智慧将海伦从黑暗孤寂和痛苦迷茫中领了出来。

　　刚开始时，老师先让海伦去摸一样东西，然后用手指在海伦的手心上拼写出那样东西的名称，海伦再把那个单词记在心里。这种方式让她快速学会了许多单词。

　　海伦十岁开始学习说话。虽然她无法听见人们说话的声音，无法看见人们说话的嘴型，但海伦有自己独特的方式。当老师反复地念同样的字母时，海伦就用手摸索老师的脸和嘴型，琢磨老师发音时嘴唇和舌头是怎么动的，再去模仿。每次下课后，海伦就独自到安静的角落，拿出盲文课本，一边认真地用手指摸盲文，一边大声地读诵。一遍、两遍、十遍、二十遍……她废寝忘食、没日没夜地拼命练习，盲文课本上的每个单词和字母都被她念了无数遍。这样极其努力的收获是，海伦终于可以像正常人一样说话了。第一次含糊地说出"天气很暖和"这句连贯的话语时，海伦喜极而泣。除了老师和家人，没有人知道海伦是多么的不容易。

海伦有着惊人的注意力和记忆力，同时她还具有不达目的誓不罢休的精神。她以顽强的毅力学会了盲文，不仅能正常地说话，甚至还熟练地掌握了五六种外语。1904年，海伦以优异的成绩从哈佛大学拉德克利夫学院毕业。大学期间，她写成了《我的生命》一书，这本书为她带来了巨大的成功。

海伦行走于各个国家，在世界许多地方举办讲座，激励残障人士走出自我的痛苦世界，开始明朗自信地生活。1932年，她担任英国皇家国立盲人学院的副校长。各国的艺术家将她的故事改变成戏剧和电影，她的事迹传遍世界，得到许多国家政府的嘉奖。她去世后，专门帮助盲人的最大组织之一"海伦·凯勒国际"建立。从1968年至今，该组织都在帮助发展中国家的盲人与失明缺陷做斗争。

■ 编译/甘盛楠

励志人生 / Endeavourers Life

既听不见，也看不到，恐怕世上再没什么人比海伦·凯勒更为不幸了。然而，她却凭借顽强的毅力，克服了生理缺陷所造成的精神痛苦，创造了震撼世界的生命奇迹。如果你因一些缺陷而自怨自艾，因学习遭遇挫折而灰心丧气，想想海伦·凯勒吧，你会知道你绝没有沉沦下去的理由。

培养策略 / Training Strategy

有的同学已经非常努力了，但是由于为自己设立的目标太高，总是失败，而过多的失败体验，往往使我们对自己的能力产生怀疑。因此，同学们应该根据自己的特点，提出适合自己水平的任务和要求，比如今天比昨天少默写错一个生词等，让自己每天都感觉在进步，每天都有成就感，从而在不断的成功中培养自信。

自信创造奇迹

■ 比尔·盖茨 │ Bill Gates
积极规划未来

比尔·盖茨是微软公司的创始人之一。比尔·盖茨从小就对计算机有着浓厚的兴趣。大学二年级时，比尔·盖茨决定离开哈佛大学，和好友一起创办软件公司。这一决定遭到了父母的反对，但比尔·盖茨坚信个人电脑时代已经到来。他对未来远景信心十足的描绘最终打动了父母，比尔·盖茨由此开始在软件界大展宏图。

■ 徐悲鸿 │ Xu Beihong
自信自强，成就辉煌

中国杰出的画家徐悲鸿出身贫寒，却始终自信自强。1919年，徐悲鸿在巴黎高等美术学校留学时，一个法国学生恶毒地说："中国人天生愚笨，只配当亡国奴，永远成不了大器！"徐悲鸿被激怒了，他大声地要求和这个学生比一比，看看到底谁是人才，谁是蠢材。有志者，事竟成。在后来的几次竞赛和考试中，徐悲鸿都获得了第一名。1924年，他的画在巴黎展出时，轰动了巴黎美术界。

■ 萧伯纳 │ Bernard Shaw
向恐惧发起挑战

诺贝尔文学奖获得者萧伯纳在文学创作上有超人的才华，但他有一个弱点，就是从小怕羞，不敢在大庭广众之下说话。为了克服这个弱点，使自己变得自信起来，年轻的萧伯纳参加了辩论会，并常常和一些学者辩论。为了给别人留下深刻的印象，他还反复地对着镜子练习怎样以潇洒的手势来加强演说效果。不久，他便以机智和幽默征服了观众，成为一位令人倾倒的演说家。

2 逆境中信念不移

——磨砺你的意志力

  有一种品质可以使一个人在碌碌无为的平庸之辈中脱颖而出，它不是天资，不是才能，而是坚强的意志力。事实上，意志力并不是与生俱来的，它需要长期不懈地磨砺。

  通过本章的精彩故事和游戏，同学们一定会获得很多启示，从而树立坚定的信念，在通往成功的道路上勇往直前，向着希望的顶点不懈攀登。

不放弃梦想的安徒生

● 梦想是每个人心中最崇高的净土。梦想的火焰，只会在逆风
中越烧越旺。

著名的童话大师安徒生曾经说过："我的一生可以看成是一部美丽动人的童话，情节跌宕起伏，引人入胜。我在这里坦率地叙述了自己童话般的一生，心中充满了自信，好像正在与亲密的朋友们共话家常。"

安徒生出生在一个贫苦的家庭，父亲靠修鞋维持生计，母亲得经常帮人浆洗衣物来贴补家用。

安徒生的世界在他六岁的时候开始变得不一样——文学闯入了他的生活。那年他拜读了威廉·莎士比亚的著作，那神奇的文字、瑰丽的情节让他沉醉。没多久，他就可以背诵《李尔王》的许多章节了。也是在此时，他有了属于自己的梦想——成为艺术家，以舞蹈和歌声在舞台上演绎人生，成为"美"的创造者之一。

安徒生幼年时不仅常常饿肚子，受到的白眼也不少。那被认为与他贫民的身份毫不相干、不切实际的梦想，更是成为了众人的笑料。然而安徒生从不为此感到气馁。

一次，安徒生得到了一个去皇宫里觐见王子的机会。这个有着硕大鼻子和忧郁眼神的男孩大声地朗诵剧本、歌唱，满心希望能获得王子的赏识。

他的努力果然引起了王子的注意，王子询问安徒生有什么需要帮助的地方，安徒生挺起胸膛说："我的梦想是写剧本，并让我的戏剧登上皇家剧院的舞台。"

这显得有些笨拙的男孩让王子很惊讶。"背诵剧本和写剧本是两回事。"王子说，"孩子，我认为一门糊口的手艺对你来说更合适。"

安徒生回家后打破了存钱罐，然后向妈妈道别。王子的话丝毫没有动

摇他的信念，他不但没有去学手艺，反而来到哥本哈根追寻梦想。

在当时那个世态炎凉的社会里，一个乡下穷小子的命运可想而知。在饱受饥饿和精神上的打击之后，安徒生也曾感到自己的渺小和无比的孤独。但当眼泪流下的时候，他会马上擦掉眼泪，告诉自己，现在是行动的时候，是怀着百倍的信心行动的时候！种种难以想象的困难，都被他以顽强的毅力克服了。

那段在哥本哈根流浪的时光，哥本哈根贵族家的门都被他敲响过。即使没有一个人理会他，他也未曾退却。

他坚持写作史诗、爱情小说，却从未引起人们的注意。即使伤心，他仍然不曾停止。

安徒生人生的转折点是在1822年。他冒失地将自己名为《阿芙索尔》的剧本送到几位著名评论家的眼前。虽然剧本有许多语法错误，韵律也不齐，但其中不乏亮点。

评论家们期待这位稚嫩的作者能给戏剧界带来些不一样的东西。于是安徒生被送进拉丁文学校深造，国家顾问古林先生为安徒生申请了一笔皇家公费做他的学费和生活费。

在学校里，安徒生仍然没有逃脱被轻视的命运。因为对上流社会的礼节一无所知，他经常被同学们嘲笑或排挤。同时，安徒生也因那些繁复的拉丁文修饰语而深深痛苦：他必须背诵那些没有灵魂的空洞的语言。但在学习的几年里，安徒生阅读了众多诗人和作家的作品，如海涅、司各特、拜伦等，都让安徒生受益匪浅。

1835年，安徒生三十岁那年，凭兴趣随意写了几篇童话故事，没想到却得到了孩子们的热烈反响，越来越多的读者开始期待他的新作品发表。安徒生一生创作了一百六十八篇童话和故事，他的作品被翻译成一百五十多种语言在世界各地广为流传，被后人尊称为"现代童话之父"。

一百多年过去了，《皇帝的新装》《丑小鸭》《卖火柴的小女孩》《海的女儿》等许多安徒生所写的童话故事，依然广受世界各国儿童的喜爱，陪伴着他们健康成长。

■ 编译/孙晓华

励志人生 / Endeavourers Life

梦想不分贫富贵贱，每个人都拥有梦想的资格。追梦的路上，难免会遭到一些人的否定或讥讽。如果在否定中倒下了，你将永远抬不起头来；反之，只要坚定信念，不懈努力，在获得成功的同时，你也将获得世人的尊重。

培养策略 / Training Strategy

要想使逆商提升，就要从现在开始，为自己设定一个切实可行的奋斗目标，并每天朝着这个方向不懈地努力。你可以记下每天的点滴进步，并常常翻阅进步的记录，在感到进步很大时还可以"慰劳"一下自己，增加愉快的体验，以鼓励自己再接再厉，最终实现目标。

姗姗的梦想

　　姗姗非常喜欢科学知识，她梦想着能成为一名科学家。可是妈妈觉得她没有过人的才智和准确的判断力，劝她放弃这个梦想。姗姗该怎么办呢？

■ 你的看法 ╱

A.既然对科学知识有浓厚的兴趣，就向着自己的梦想努力吧。从现在开始好好学习，只要不放弃，梦想终有实现的一天。

B.姗姗不具备当科学家的条件，赶紧调整一下自己的目标，改当作家吧。

■ 点评 ╱

选A的同学：

　　能够坚守自己的梦想，梦想才能变成现实。

选B的同学：

　　兴趣是最好的老师，既然对科学感兴趣，那就不要轻易放弃，半途而废最终会一事无成。

所以A是合理的看法。

■ 专家悄悄话 ╱

　　梦想能够实现的秘诀只有两个字：坚守。我们只有坚持自己，相信自己，才能更好地发挥自己的才华，活出自己的精彩。所以，有梦想的小朋友，不要顾虑外界的看法，通过自己的发奋努力，使它变成现实吧。

冬天，你不要砍树

● 冬天，你不要砍树，因为春天一定会来，而那原本看似干瘪的树枝照样会萌发出新芽。

爷爷有一个小小的农场在北方阿拉斯加的城郊，每年的圣诞节我们都在那里度过。9岁的时候，我在那里度过了一个毕生难忘的冬天。

捉迷藏是那时我们最爱的游戏。那一天，我正为藏到最后都没被人发现而得意的时候，汤姆忽然指着屋前的几棵树叫道："查尔斯，你家门前种的树，怎么都光秃秃的啊？"

我回答他："无花果树到了冬天就是光秃秃的，夏天的时候它就会长满叶子，还会结出甜滋滋的无花果呢。"

汤姆好奇地看着这些树，没多久就指着其中一棵说："查尔斯，这棵树死了吗？你看，它跟别的树不一样。"

　　我仔细看了看汤姆指的那棵树，发现这棵树的枝干完全枯黄了，树皮也剥落了大半。我轻轻一碰树枝，它就"啪嗒"一声掉在了地上。

　　我赶紧把爷爷叫到树前："爷爷，这棵树已经死了，我们把它砍了，再种一棵吧。"

　　爷爷前前后后地观察了一番，微笑着拒绝了我的提议："孩子，这棵树到了春天或许还会发芽长叶的。说不定它正在养精蓄锐呢！"看着我疑惑的样子，爷爷慈爱地摸了摸我的头："再给它一个机会好吗？孩子，记住，冬天你不要砍树。"

　　我仍然坚持自己的想法，认为这棵树是活不过来的。第二年春天，我再去看它时，意外地发现，这棵冬天时像死了一样的无花果树竟然生机勃勃。春天的暖风让它复苏，真正死去的只是几根枝丫。它长满绿叶的树冠就像一个超级大帐篷，如果玩捉迷藏时藏到它的下面，肯定很难被人发现。前提是你具有超强的忍耐力，因为钻到树底下那痒痒的感觉可不是一般人受得了的。

　　夏天的时候，这棵树看上去和别的树没什么差别，绿荫宜人、枝繁叶茂不说，还结了许多果实。那些小果子刚开始是浅绿色的，像黄豆一样小小的，刚过一个月，就跟爆米花差不多大了。

　　秋天到了，果实从刚开始的浅绿色逐渐变成深绿色、浅红色、深红色，熟透的时候就几乎是黑色的。当吃着它甜滋滋的果实时，我真庆幸当初没砍掉它。

　　后来，我成为了一名小学教师，在二十多年的教学生涯中也多次遇到像无花果树这样的孩子。比如那个害羞、邋遢、被同学们嘲笑的小女孩艾米，现在已经成了一位小有名气的作家。那个口吃的，常常连字母也背不全的男孩查理，现在竟成了一位鼎鼎大名的律师。当年最淘气、成绩最差的学生马可，后来成了名牌大学的优等生，如今已经是一位优秀的外科医生了。

　　最后，不得不提的是我的小儿子布朗，因为小时候不幸患了小儿麻痹症，他差点成为一个废人。可是我从来没忘记爷爷的话，也从来没放弃对他的希望，从未间断过对他的鼓励。

如今他已成功地自学完大学课程，在公共图书馆担任管理员的工作。邻居们都知道，布朗连抬起手来扶一扶鼻梁上的眼镜都十分困难，因为他只有左手的三个手指能活动！

在过去的几十年中，我也没少遇到灰心丧气的事情。尽管那个农场早已成了工厂区，爷爷也去世多年了，但是他的教诲却时刻激励我，让我想起"冬天"以后"秋天"的果实，帮助我度过了许多家庭和事业的危机。

这么多年的经历让我感悟到：只要不轻易放弃，就会有转机出现。有些看似不可能复活的"朽木"，内心深处从不缺乏生命的泉水，只要我们存着温柔忍耐的心去发现、去呵护，那在他们内心深处涌动的泉水就一定会奔腾而出，浇灌出让人赞美的果实。

记住，冬天，你不要砍树！

■ 撰文/查尔斯·贝多　　■ 编译/刘国华

励志人生 / Endeavourers Life

有时候，人生就像那棵无花果树，在冬天砍掉它，就会错过一次生命绽放的机会。很多事情的失败是因为我们没有再去坚持一下，而成功与失败往往只是一念之差。只要我们不轻易放弃，凡事都有峰回路转的可能。只要不向困难低头，努力想办法去克服，相信一定会迎来严冬之后的春天。

培养策略 / Training Strategy

磨炼意志要从平常的点滴小事做起，不需要刻意去做什么惊天动地的大事。比如，你可以在班上或身边找一个特别有毅力的同学作为你的榜样，处处模仿他的优良习惯，跟上他的脚步。只要你能够坚持住，你的意志力就会变得越来越坚强。

小提琴风波

　　学校举行文艺晚会，"小提琴王子"汉克在演奏小提琴时一紧张拉错了一个音符。这时，他该怎么办呢？

■ 你的看法 /

A.装作什么事情也没发生，继续演奏下去，反正大家也不一定能听出来。

B.情绪不要受到影响，全神贯注地继续演奏下去。演奏结束后，勇敢地跟大家说声："对不起，我刚才拉错了音符。"

C.赶紧下台吧，否则让观众轰下台就更惨了。

■ 点评 /

选A的同学：

　　抱着蒙混过关的心态可不行。

选B的同学：

　　既能够坚持演奏完，又能够正视自己的错误，并勇敢地承认，这样的同学才是高逆商的孩子。

选C的同学：

　　碰到困难就选择放弃，承受挫折的能力可太差了。

所以B是正确答案。

■ 专家悄悄话 /

　　跌倒了，爬起来，分析一下失败的原因，从头再来，你就能赢得成功。一个暂时失利的人，如果继续努力，打算赢回来，那么他今天的失利，就不是真正失败。

含着石头说话的孩子

- 缺陷也许并不是一件好事，但认识到自己的缺陷并勇敢地面对它，以此作为自己前进的动力，缺陷也就变成一项资本了。

德摩斯梯尼是古希腊历史上著名的演说家。你可能不知道，他小时候是个口吃的孩子，不仅说话结巴，音量微弱，还有习惯性耸肩的毛病。那时，可没人看得出他有演说家的天赋。因为发音清晰、声音洪亮、体态优美、富有辩才是成为一名出色的演说家必备的条件。

当时的雅典，雄辩术已经高度发达。法庭里、公民大会上，以及许多公共场所都可以听到演说家们激昂论辩的声音。人们对演说者的要求也越来越高，即使是一个词语的误用，或是手势、动作难看，都会被嘲笑或讥讽。

在某次公民辩论大会上，年幼的德摩斯梯尼也上台进行了演讲。当听众们看到他的时候，不禁嘲笑起来："怎么他还敢来？"那些议论和嘲讽的声音虽然不大，却还是钻进了德摩斯梯尼的耳朵。前几次演说失败的情景浮现在眼前，他难免有些心慌意乱。但短暂的挣扎过后，他还是选择鼓起勇气，开始演说。

"公民们，我所讲的是雅典必须坚持民……民主制……"

第一句就口吃了！德摩斯梯尼心里一急，习惯性地耸了耸肩。这个坏习惯让他的演讲雪上加霜，他心中暗暗叫苦，额头上也冒出了冷汗。台下的听众立刻骚动起来，有哄笑的声音，有喝倒彩的声音，甚至有人干脆大喊"别站在那里丢人啦"。

德摩斯梯尼垂头丧气地走下台，即使那篇演说词激动人心又如何？好几天的辛苦准备又白费了，极度的沮丧和懊恼让小小的德摩斯梯尼放声大哭。然而这次失败没有击垮德摩斯梯尼，反而让他下定决心成为一名卓越的政治演说家。从此德摩斯梯尼开始了异常刻苦的学习和训练，付出了超过常人几倍的努力。

有一天，邻居关切地问德摩斯梯尼："孩子，为什么你说话的声音越来越模糊了？"

"因为我听说含着石头说话可以改进发音。"德摩斯梯尼张开嘴，舌头上果然有一块小石头。

德摩斯梯尼日复一日地含着那块小石头，不但如此，他选择攀登最陡峭的山崖，并且同时大声朗诵诗歌——为了增加肺活量，使声音浑厚有力。他不仅虚心向著名的演员请教如何发音，而且在墙壁上安装大镜子，不分昼夜地对着镜子练习口型——为了使发音更加准确清晰。他从房顶吊下两把长剑，剑尖直抵着肩膀，只要耸肩就会被剑扎得鲜血直流——为了克服说话耸肩的坏习惯。他甚至剃了一个滑稽的阴阳头——就是为了增强心理抵抗能力。

德摩斯梯尼不仅训练自己说话的外在技巧，同时也注意提升自己在政治、文学等方面的内在修养。他背诵大量优秀的悲、喜剧作品，研究古希腊的诗歌、神话，和老师朋友探讨著名历史学家的文体风格……柏拉图是当时最负盛名的演说家，他每一次的演讲，德摩斯梯尼都认真地聆听，用心地琢磨。如此十多年的磨炼，终于使德摩斯梯尼成为了一位高超的演说家。

德摩斯梯尼三十岁登上雅典政坛。此时，

强大的马其顿王国出现在世界的舞台上。面对马其顿的侵略，希腊内部分为两派，一派主和，一派主战。反对马其顿派的主要代表之一就是德摩斯梯尼。他多次登上公民大会的讲坛，极力声讨马其顿国王腓力二世。在他的五篇反对腓力的演说中，最为著名的是公元前341年发表的。他在这篇演说中大声疾呼："当雅典的船尚未倾覆之时，船中的人无论大小都必动手救亡。一旦巨浪拍上船舷，所有的一切都会同归于尽，曾经的努力都会成为枉然。"

据说，连腓力都曾说："假使我自己听到德摩斯梯尼的演说，都会投票选举他成为我的反对者的领袖。"

德摩斯梯尼直至逝世前，都活跃在雅典的政坛上。诸多著名的政治演说为他建立了不朽的荣誉，他的演说词成为古代雄辩术的经典范例，影响了千千万万的读者。

■ 编译/甘盛楠

励志人生 / Endeavourers Life

人无完人，我们每个人的身上或多或少都会有缺点或不足。它们或影响我们外在的形象，或成为我们学习上的阻碍。这时，如果你愿意付出超出常人的努力来克服或弥补自己的缺陷，你就是个成功者。如果能够顽强地面对磨难，笑对人生，还有什么能够难住我们呢？

培养策略 / Training Strategy

改变自我，是磨炼意志力的一个好方法。你知道自己有什么坏习惯吗？比如，爱睡懒觉，作业没做完就想出去玩？……将你的坏习惯写在纸上，并使自己努力去改掉它们。当这些坏习惯逐渐从你身上消失的时候，你就是一个毅力超强的孩子了。

厄运打不垮的信念

■ 徐霞客 | Xu Xiake
用双脚丈量人生

　　明朝时，一个十岁的男孩在读书时说："全国有九州五岳，写这本书的人自夸已走完了八州，攀登了四岳。要是我，非要历九州、登五岳不可。"这个男孩就是著名的地理学家徐霞客。二十二岁那年，徐霞客开始了艰辛的游历生涯。徐霞客曾三次遭遇强盗抢劫，四次断炊，但任何艰难险阻都没有挡住他前进的脚步，其足迹遍布今十六个省区。

■ 鉴真 | Jian Zhen
东渡弘法的高僧

　　唐代高僧鉴真出生于一个信奉佛教的家庭，他十四岁出家，二十六岁时便登坛讲解经书。742年，日本高僧邀请鉴真东渡日本，去传戒弘法。此时的鉴真已经五十多岁了，他不顾海上交通凶险，接连五次东渡日本都未成功。在第五次东渡时，鉴真因为过度劳累，加上医治不当，双目失明了。但是，鉴真并未灰心，仍在寻找下一次东渡的机会。鉴真年近七旬岁时终于成功抵达日本，完成了弘扬佛法的宏大志愿。

■ 弗朗茨·舒伯特 | Franz Schubert
为作曲而生的人

　　奥地利作曲家舒伯特的一生是在贫困中度过的，艰难的生活没有使他放弃对音乐的追求。有一天，他饿着肚子在街上徘徊，希望能碰见一个熟人，好借点钱充饥。这时，他忽然在一张旧报纸上面看到一首小诗："睡吧，我亲爱的宝贝，妈妈双手轻轻摇着你……"这首朴素、动人的诗打动了舒伯特的心，他顾不得饥饿，写下了一首《摇篮曲》。这首曲子很快在世界各地传唱开来，深受人们喜爱。

坚持的结果

● 成功之花是通过一点一滴的汗水浇灌出来的。这正如钻井不
出油，或许只是因为钻得不够深。

保罗·盖蒂是美国知名的石油大亨，他在事业上十分成功，可他的成功并不是一帆风顺的，年轻时的他也经历了坎坷的过往。

在盖蒂小的时候，他想成为一名作家，可惜的是，他发现自己并不具备文学天赋，于是就慢慢地将理想转变为从事管理工作。等到他大学毕业时，美国西部出现了石油挖掘热潮。许多人疯狂地涌向那里，就像当年淘金热的时代那样，人们不辞辛劳地钻探、打井，开采石油。盖蒂也抵挡不住石油挖掘的吸引力，他觉得自己更适合从事这种商业投资，便决定孤身一人前往西部。

盖蒂揣着借来的钱到了西部。面对那些疯狂钻探的井架，极多采不到石油的废弃井和那些因没有挖掘到石油而倾家荡产的人，他迟疑了。他的钱寥寥无几，只能打几口

井，如果碰巧这几口井都出不了油的话，那么他的结局将和其他破产的人没两样。

他仔细分析了自己的情况，计划从别人手里买废弃的井。曾有人在一块可能有石油的地方打了十几口井，花光了全部的钱却一无所获，现在他准备转卖这些"废井"。盖蒂付了很少的钱便把它们买了下来，然后雇了几个工人接着钻探。当他的资金用完时，一星半点石油都没出现。

朋友们劝盖蒂赶紧放弃，再花费时间和金钱是不值得的。那些曾经和盖蒂一起打井钻探的人几乎都离开了，可是盖蒂坚信自己的努力不会没用，地下一定会有石油。他说服了那些想离开的工人，恳求他们再继续工作七天，如果仍然没有石油，他就会彻底放弃。

工人们无奈地钻探着。第四天终于出现了奇迹，黑色的原油从钻井中喷涌而出，盖蒂得到了坚持的回报。

这口出油量颇为可观的油井，成为盖蒂的第一桶金，奠定了他事业发展的坚实基础。

■ 编译/肖琭珺

励志人生 / Endeavourers Life

世上有妙手偶得的成功，也有终无所获的执着，但是大多数的成功都是以执着为先决条件的。只要选定了自己奋斗的目标，并坚持不懈地为之去努力，极有可能在最后一刻发生奇迹！

培养策略 / Training Strategy

自我鼓励、自我禁止、自我命令以及自我暗示等都是意志锻炼的好形式。比如，当我们遇到困难的时候，可以自己鼓励自己"大胆些！"、"不要怕！"、"再坚持一下！"等等。运用自我提醒的方法，往往能增强战胜困难的决心。

今天你晨练了吗

　　班主任给同学们下了一项任务：每天起床后先慢跑三十分钟，再去吃饭。刚开始，全班同学都做到了。可一年以后，坚持下来的同学寥寥无几。你认为班主任为什么会提出这样的要求呢？

■ 你的看法 /

A.老师是让同学们养成锻炼身体的习惯，要知道只有把身体练得棒棒的，才能有精力学习。

B.老师是想通过这种方式培养同学们的意志力。

C.老师是想让同学们好好吃饭。跑完一千米，消耗了体力，大家一定会多吃饭的。

■ 点评 /

选A的同学：

　　这也是老师的用意之一，但除了这点外，还有更深的含意呢。

选B的同学：

　　你理解了老师的苦心。有些事情看似简单，但要坚持下来也不容易。

选C的同学：

　　你只看到了问题的表面，一点都没领悟老师的良苦用心。

所以A和B都是合理的。

■ 专家悄悄话 /

　　意志力是需要锻炼才能提高的，决不放弃是其本质。同学们做事情不可以只保持三分钟热度，只有坚持下去，持之以恒，才会有收获。

坚持住，朵西

● 人生最可怕的不是失败，而是半途而废。坚持到底就是胜利。

周五下班，我路过一个社区公园。一群四五岁的小女孩正在那儿进行足球赛。

前几天一直在下雨，球场到处是泥，但孩子们踢得满有兴致。场外有许多观众，我也停住了脚步。两队各有三个实力相当的主力，其他队员都踢得没有什么技术含量，要么被球绊倒，要么把球误传给对方。

上半场双方都没进球。下半场开始时，红队两个主力离场，只剩一个主力守门。蓝队还是三个主力没变。

蓝队的一个主力巧妙地夺过球，带球向红队球门直奔。几个红队队员都围过去拦她，蓝队主力使尽解数，都无法把球带过去。突然，蓝队主力灵机一动，做了个从右边突围的假动作，红队队员被她迷惑了，蓝队主力瞅准时机，带着球从左面突围。

她一路畅通无阻，眨眼间已经带球来到红队球门前，抬脚一个漂亮的射门！可惜球打在了门柱上。由于两队主力差距很大，蓝队三个主力频频对红队大门展开强势的进攻。

红队唯一的主力就是那个小守门员，她双手撑住膝盖，半蹲着身子，双眼炯炯有神地盯着足球。她膝盖上有一块擦伤，是刚才救球时留下的，但这个勇敢的小姑娘毫不在意。

我忍不住在心里为这个坚强的小姑娘鼓掌。

可惜双手难敌众拳。蓝队再次进攻，一个凌空抽射，红队的小守门员扑救不及，重重地跌落在地。球进了！蓝队队员欢天喜地，手舞足蹈。红队的队员互相鼓励，准备下一局扳回来比分。蓝队再度迅速进攻，红队队员还没反应过来，就被蓝队主力飞起一脚，一个漂亮的香蕉球冲进了红队大门。

连续两个进球让蓝队士气大增，相比而言，红队的队员则难免情绪低落。红队的守门员竭尽全力地抵抗着，奔跑、冲击、尖叫，在球场上显得那么孤独。她好不容易截住对方前锋，但球马上被传给了蓝队另外一名主力。

蓝队射门了！

小守门员立刻返身扑救，但是来不及了，球已经飞入了红队大门。

绝望的神情出现在小姑娘脸上，她发现自己难以抵御对手，她垂下了头，想要放弃。我离球门很近，能清楚地看到她的反应。

她的父母恰巧在我身边，那位父亲大概是刚从公司赶过来，没顾得上回家，所以还穿着正式的西服和皮鞋。他不断大声鼓励女儿："朵西，坚持住！没关系的！"

当第四个球破门时，我最担心的情况出现了。朵西跪在地上无助地哭了起来，大滴大滴的眼泪滚落下来，砸在我的心里，也砸在在场每个人的心里。朵西的父亲也忍不住跑向女儿。

他西装笔挺，皮鞋锃亮，却毫不犹豫地走进了泥泞的球场，当着全场观众，抱起了浑身是泥的小朵西。

我听见他说："朵西，你是我的骄傲，你踢得太棒了！我希望所有人都知道你是我的女儿。"

小姑娘哭着说："爸爸，她们都进了四个球了！"

"宝贝儿，只要你把球踢完，不管她们进多少个球，我仍然为你骄傲。坚持到最后，她们一定还会进球，但是没关系，我们都知道你是最棒的。"说完他放下女儿，走出场外。

朵西的态度发生了变化，她不再关心分数，重新得到了踢球的乐趣。蓝队又进了两球，但朵西一直精神饱满地站在球门前，对每一次守门全力以赴。

生活中，每个人都是守门员，我们的大门经常失守，我们满身泥污，而对手频繁得分。但只要坚持到最后，我们都是胜利者。因为爱我们的人永远支持我们，他们永远为我们骄傲。

■ 编译/李小青

励志人生 / Endeavourers Life

对目标，我们要用恒心和毅力去追求；对成败，我们要有淡然视之的胸襟。学习或做事，坚持到底，即使失败了，我们也是胜利者，至少问心无愧，虎头蛇尾、半途而废，将永远体会不到全情投入的喜悦，也永远享受不到进步的快乐。

培养策略 / Training Strategy

如果你能够把某一件事情当成你的兴趣和爱好，就很容易坚持下来。兴趣是可以慢慢培养的，比如，在学习上，你不要把学习当成一种负担，而是把它当成你的朋友。当你花时间终于把一个数学难题做出来时，那种成功的喜悦是无法言喻的。这时，你会发现自己是有能力做好的。成功感越强，兴趣也就越浓，坚持到底的决心就会越大。

圆圆学画

圆圆非常喜欢画画，妈妈就趁暑假时间给她报了一个绘画兴趣班。圆圆可高兴了，每天都坚持早早地来到绘画班学习。可是一个月过去了，她发现自己的作品没什么长进，就有些灰心丧气，不想学了。这时，你该怎么劝她呢？

■ 你的看法 /

A.要想办成功一件事，都不是那么轻而易举的，需要你坚持不懈地努力。继续努力画下去，你一定能画好的。

B.你那么喜欢画画，有这么一个机会学习多好啊，你应该珍惜才对。

C.不去也得去，妈妈的话就是圣旨。

■ 点评 /

选A的同学：

坚持不懈是叩开成功大门的敲门砖。明白了这层含意，相信你在做事情时也会努力做到这一点。

选B的同学：

从圆圆的兴趣点出发，劝圆圆珍惜学习机会。你很懂得沟通的艺术哦。

选C的同学：

用长辈的话压服别人，容易让人产生逆反心理，未必奏效。

所以A和B都是可行的。

■ 专家悄悄话 /

要鼓励自己，生命的奖赏远在旅途的终点，而不是起点附近。我们不知道要走多少步才能获得成功，踏上一千步的时候，迎接我们的仍然可能是失败，但我们要抱着必胜的信念，相信成功也许就在拐角处。所以，遇到困难时，要不停地对自己说再前进一步。如果在任何挫折面前，你都能勇敢地再向前迈进一步，你的人生将会大为不同。

难以跨越的小山坡

● 失败和成功之间，有时只隔着一个小小的山坡，坚持到底，
你才能看到最美的风景。

第七届国际马拉松赛冠军爱·罗塞尼奥刚刚走下领奖台，就有记者问他是什么力量支撑他不仅跑在最前面，而且坚持到最后的。他没有直接回答，而是讲了一个发人深省的小故事。

罗塞尼奥上中学的时候，第一次参加了学校举办的十公里越野赛。他热爱各种运动，身体素质一直很好，所以他认为这次竞赛是很轻松的事情。随着发令枪的响声，罗塞尼奥如离弦之箭，第一个冲出起跑线。

最初罗塞尼奥跑得很轻松，他轻盈得如一只蝴蝶，甚至可以张望路边的风景，瞧瞧高大的绿树和色彩缤纷的野花。他设想着越野赛结束后的安排：比如洗个热水澡，接着饱餐一顿妈妈亲手做的苹果馅饼，说不定还能喝到香浓美味的鸡汤……汤里洋葱的香味儿几乎都可以闻到了！罗塞尼奥感到无比惬意。回过头向后一看，同学们都被他抛得老远，这让他越发得意了。

"冠军非我莫属了。"他想。

但过了一段时间，罗塞尼奥的感觉就不像之前那么好了：发软的腿，刺痛的肺，黏在身上的运动衣……他的脚步慢了下来，渐渐有后面的同学赶上来，跑到了他的前面。

这时，一辆校巴出现了，缓缓地开在他旁边，似乎想要接他上车。这辆校巴是专门接送那些无法继续进行比赛的学生的。罗塞尼奥很想上车舒口气，放松一下沉重的双腿。但中途被校巴接回去实在是不怎么光彩，况且自己体育成绩一向很好。罗塞尼奥冲校巴司机挥挥手，表示自己还能坚持。第一辆校巴渐渐远去了。

深深吸了口气，罗塞尼奥继续跑着，可是难受的感觉越来越强烈了。他感到视力模糊，上气不接下气，双腿比灌了铅还沉重，停下来休息的想法从未如此强烈过。

他急切地期待能再遇见一辆校巴，他想，如果我再次看到校巴，一定会不顾一切地上车。

但是，当另一辆校巴开过来时，他却犹豫了。就这样上去了，自己曾经的努力不是都白费了吗？经过一番激烈的思想斗争，他还是舍不得放弃已经取得的成绩，以毅力压制住了休息的欲望，咬咬牙，继续朝前跑去。

校巴司机看着他痛苦的样子，好心地劝道："小伙子，上来休息吧。前面的路还长着呢，你这样能到终点吗？累坏了怎么办？身体比比赛重要啊！" 罗塞尼奥抿着嘴唇，脸色苍白，却坚持不上车。"看不出来你这么有毅力。来喝点水，实在坚持不住了还有下一趟车呢！"校巴司机有点佩服又有点无奈地说道。

罗塞尼奥伸手接过矿泉水，感激地冲他笑了一下，继续坚持向前跑着。第二辆校巴也开走了。

似乎过了漫长的一个世纪，罗塞尼奥来到了一个小山坡前。他觉得自己实在无法坚持下去了，连往前迈一步

的力气都没有了。

这个旁人看起来微不足道的长着小树苗的山坡，对他来说如同寒冰积雪的珠穆朗玛峰般无法逾越。他终于绝望了，放弃了坚持，当第三辆校巴开过来的时候，他毫不犹豫地上了车。

令人无法置信的是，终点就在那个小山坡之后。这不起眼的山坡，竟然成为了不可逾越的擎天高峰。

罗塞尼奥后悔极了，如果能多坚持一分钟，再努力一下，就能越过小山坡，抵达终点，可以坚持到最后是多么令人骄傲的事情啊！从此以后，他每次参加比赛，感到自己再也跑不动、快要放弃的时候，就反复对自己说："再坚持一分钟，终点马上就到了！"就这样，他一直跑到了世界冠军的领奖台！

"坚持到最后就是胜利。"世界上很多事就是这样。你如果坚持了，那就是一个成功者，无论最后成绩如何；你如果后退了，那就是一个失败者，就算你一直都跑在前面。

■ 编译/甘盛楠

励**志人生** / Endeavourers Life

成功和失败往往只差一步，只要认准方向，顽强地坚持下去，成功的醇酒就会在不远处等着你去品酪；相反，倘若半途而废，收获的喜悦便永远与你无缘！

培**养策略** / Training Strategy

培养意志力最重要的是克服惰性。比如，学习上遇到了一道难题，就想："明天再说吧……"每天的课外兴趣小组活动，碰上自己患了一点小感冒，就说："下次再去吧……"结果，就是这一天天对自己的迁就，助长了惰性，最终一事无成。

我是替补队员

张建参加了学校的篮球队。到这里，他才发现队里的队员个个都比他球艺好，在各种比赛中，他只能坐在替补席上。张建非常失望，有了退出球队的想法。对此你有什么看法呢？

未来成功人 **10Q** 全商培养

■ 你的看法 /

A.谁都不是天生球艺就好的。你只要肯下苦功，坚持练习，总有一天会当上主力的。

B.碰到一点儿挫折就想放弃，太没毅力了。

C.总让人当替补，谁受得了啊？我支持张建退队。

■ 点评 /

选A的同学：

成功的关键就在于顽强拼搏，如果你愿意付出努力，一定会有收获的。

选B的同学：

遇到困难了，就该想办法去克服。真正的失败就是放弃。

选C的同学：

要知道，篮球巨星乔丹还曾当过替补呢。替补并不可怕，可怕的是你因此而丧失斗志。

所以A和B是正确选项。

■ 专家悄悄话 /

在生活中、学习上要想成功必须拥有顽强的意志，要有不怕失败的精神。所以，同学们在平时的学习活动中要有意识地锻炼自己的意志，不断提高自己的意志力水平。

我必须做英雄

● 一个很怕黑的小男孩，却在一个漆黑的夜晚，跑了几英里
的路搬来救兵，救了全家人。是什么力量在支撑着他？

对于檀咪·希尔来说，2002年的感恩节是个愉快的日子。她开车载着孩子们去父母家吃晚饭。孩子们年纪都很小，最大的特杜斯七岁，特芳妮四岁，而最小的特里莎只有一岁零八个月。

虽然檀咪两年前离了婚，丈夫阿丹斯也离开了他们曾经的家，可是每天晚上八点，孩子们还是会准时接到父亲的电话。

那天是星期四的晚上，从父母家返回的路上，阿丹斯的电话按时打来。檀咪把手机递给了大儿子特杜斯。小男孩刚跟父亲道别，另外一个电话又打了进来。为了拿到特杜斯手上的手机，檀咪解开了安全带。可她还没从儿子手中拿到电话，卡车就失控了。

卡车掉进了路旁的沟里，弹起来两次。檀咪从车窗被甩了出去，失去了意识。幸好孩子们在后面的车座上，很安全。

那个夜晚又黑又冷，天上没有月亮，也没有星星。三个孩子的生活就在短短几秒钟内被颠覆了——妈妈不见了。

马路上一片死寂。孩子们在歪斜的卡车里，风从破了的车窗呼呼吹进来，如果这样过一个晚上，他们一定会被冻死。他们看不到妈妈，呼喊她也没有回应——因为妈妈在离车不远处失去了知觉。特杜斯此时成为了这个家的家长。

"我们想从座位上下来，但是安全带绑住了我们。"特杜斯回忆起当时的情景，"我把安全带的扣子解开了。我觉得有些害怕，但是看到哭泣的妹妹们，就没有那么害怕了。"

特杜斯小心地拽出毯子，盖到两个小妹妹身上，轻声安慰她们，并告

诉她们，他必须暂时离开去找大人来帮忙。特杜斯从破了的车窗爬出去，希望能找到妈妈。可是在伸手不见五指的夜晚，他什么也看不见。唯一的亮光是奶牛场的灯光，而牛奶场离特杜斯所在的位置有好几英里远。特杜斯其实很怕黑，他晚上睡觉的时候，都不让妈妈把卧室的灯关掉。然而此时他勇敢地走向遥远的牛奶场去求救。

那天冷极了，很多地方都结了冰，但是他仍然勇敢地跑去求救。他钻过三重篱笆，包括一道电网。耳朵和脸蛋也因此被划了许多深浅不一的伤口。

大约跑了二十分钟，特杜斯终于到达奶牛场，敲开了一所房子的大门。房子里住着一些移民工人，他们看到这个狼狈的小男孩时，马上意识到他遇到了困难。可是工人们都不会说英语，听不懂特杜斯在说什么。幸好一个工人立刻跑去找来了会说英语的邻居。了解情况后，那个人马上拨打了911，并带着特杜斯火速赶回事故现场。

第一个赶来的警察名叫彼得。"特杜斯真是令人吃惊。"他说，"经历了这么一场事故之后，他还能清晰准确地说出两个妹妹的生日以及亲戚们的电话号码。他对奶牛场的大人们讲话时，声音都是发颤的，他肯定被吓坏了。但这个孩子实在是令人惊叹，所有我需要的信息他都给我了。"

檀咪被救护车送去医院急救，医生说如果再晚那么一刻钟，她极有可能因失血过多而丧命。

檀咪足足昏迷了三天，当她从病床上苏醒过来后，便看到特杜斯在危急时刻救了全家的事迹被全美的报纸和电视报道。檀咪一家也被邀请参加美国著名的脱口秀节目。

女主持人奥普拉·温弗莉问特杜斯："你妈妈告诉我，往常你是很怕黑的。那天冷得要命，妈妈也不见了，你却跑了几英里路找来救兵。当时你不觉得害怕吗？"

小特杜斯红着脸，羞涩地小声说："确实，我当时非常害怕，可是我必须当英雄。妈妈不了，我就要成为两个妹妹的英雄，我一定得救她们，一定得救妈妈。我希望全家人永远开心地生活在一起……"

特杜斯话音刚落，节目现场就响起了经久不息的掌声，主持人也非常激动地说："没错，每个人面对危险的时候，都必须做自己的英雄。"

■ 编译/刘湟

励志人生 / Endeavourers Life

我们习惯了被父母保护，在父母、家人面前，我们也习惯做弱者。而实际上，我们每个人都是强者，只是有时候在保护伞的遮盖下，我们忘记了自己也有足够的勇气和胆量来面对困难或厄运。让我们也试着做英雄吧！在困难面前决不低头，在厄运面前决不退缩。

培养策略 / Training Strategy

生活中并非每一件事都能让人提起兴趣，可有些事是必须打起精神才能做好的，如上课注意听讲、按时完成作业等。做这些事正是考验和锻炼你的意志的好机会，你应当定出目标，强迫自己去做。完成这些小事的过程，也就是提高你意志力的过程。

胖胖减肥记

胖胖是班里的肥胖儿童，为了身体健康，他决定减肥。前三天胖胖都早早地起来锻炼身体，与零食也说拜拜了。可到了第四天，他就坚持不住了，不但没有早起跑步，还到麦当劳大吃了一顿。对此你怎么看呢？

■ 你的看法 /

A.能够坚持三天就很不错了。偶尔放纵一下自己，解解馋也未尝不可。

B.坚持不懈才能达成目标。要是每天都找个借口不去锻炼，减肥大计如何完成呢？

■ 点评 /

选A的同学：

能抵挡住诱惑，才能获得成功。如果做不到这一点，减肥从何谈起呢？

选B的同学：

减肥需要很强的意志力，只有对自己狠一点儿，不给自己任何松懈的机会，才能使自己瘦下来。

所以B是正确答案。

■ 专家悄悄话 /

要想让自己有更积极的生活方式，最好的做法就是在挑战和诱惑面前不为所动，让积极的做法成为你的习惯，而习惯的养成正在于坚持。

希望无敌

● 连死神都害怕希望，还有什么是希望所打不倒的呢？只有心怀希望，才能将心中的美好蓝图变成现实。

鲍勃·摩尔在参加哈佛大学的招生考试时，列入考试的五门功课中，竟然有三门功课不及格，因此他没能进入到这所世界著名的大学深造。

用中国考生的话说，就是他考砸了。在那段高考落榜、赋闲在家的日子里，鲍勃·摩尔感到非常的自卑，常常将自己关在黑屋子里，怨天尤人，唉声叹气。

鲍勃·摩尔的父亲看到他刚遇到一点小小的挫折便一蹶不振时，并没有严厉地责备儿子，而是把他带到乡下的爷爷家，让辽阔的大自然，让绿的草、红的花、蓝的天来平复鲍勃·摩尔心灵的隐痛，鼓起他直面失败的勇气。

这年夏天，鲍勃·摩尔的家乡接连下了一个多月的暴雨，终于，山洪暴发了。爷爷家的房子被夷为平地，鲍勃·摩尔不幸被滚滚的山洪卷进了咆哮的河流。

在浊浪翻滚的洪水中，他像一片轻飘飘的树叶一样被抛来甩去，生命危在旦夕。这个时候，他多么希望抓住一样能够拯救生命的东西，哪怕是一块木板、一根芦苇也好。然而，湍急的洪水中除了翻滚的泥沙外，他什么也抓不到。他心下暗想："这回算是完了，没有救了。也罢，人生在世，总有一死，死就死吧！"

这个念头刚一冒出来，他便立刻犹如散了架一般浑身乏力，四肢酸软，再没有一点挣扎的力气。整个人都随着汹涌的波涛在沉沦，在漂浮。

就在鲍勃·摩尔万念俱灰，连最后一丝生的希望也即将被死神抽走的时候，他的脑袋突然被在洪水中翻腾滚动的石块给碰了一下，骤然的疼痛使他突然清醒过来。刹那间，他突然想起去年夏天的时候，他与女友在这条河中漂流探险时，曾在河的下游遇到过一棵粗壮的老树，老树有一个粗大的枝杈，正好斜长着横贴在水面上。他清楚地记得，当时女友还打趣地说，它像一个浮在水面上熟睡的老神仙。

只要能够抓住那根树杈，他就能保住自己的生命。一想到这里，他的心中顿时充满了希望。一有了希望，他感到浑身上下顿时力气倍增，心也不慌了，僵硬的四肢也变得灵活了。

鲍勃·摩尔心中默念着那棵救命的老树，在洪水中顽强地坚持着，拼命地挣扎着……终于看到了，老树就在前面不远处。他欣喜若狂，奋力游到了那棵老树跟前。但是，当他拼命地抱住伸向河面的树杈时，谁知那根树杈早已经枯朽，使劲一拽，便"咔嚓"一声断为两截了。

鲍勃·摩尔没有办法，只好紧紧抱着断落的树杈，继续随水漂流。幸运的是，刚漂出没多远，他就被恰好经过河边的抢险队员救上了岸。事后，鲍勃·摩尔说，要是他早知道那根树杈是枯朽的，他兴许就不可能坚持游到那儿了。

得知这次事故后，远在英国的父亲打电话给鲍勃·摩尔："你瞧，连死神都害怕希望呢！只要你的心中还有希望，那么，再大的困难，再大的挫折你都能够战胜。你想，既然你已经通过了两门考试，那就一定能够通过更多的考试。记住，哈佛大学就是你生命下游那棵紧贴河面生长的'老树'。"

鲍勃·摩尔心中豁然开朗。于是，他重新回到学校，走进教室，拿起了课本，并最终以优异的成绩进入了哈佛大学，成为哈佛大学自开办动机激励教育学科以来最出色的学员之一。

后来，他的代表作《你也能当总统》一书，鼓舞和激励了成千上万的奋斗者，使他们由一个个平凡甚至平庸的无名之辈，最终变成了万人瞩目的社会名流。

鲍勃·摩尔说："你可以失败一百次，但你必须一百零一次燃起希望的火焰。人生真的是希望无敌。"

■ 撰文/李智红

励志人生 / Endeavourers Life

对于生命的希望，能令死神却步；对于人生的希望，能令困难低头。人生中希望是无敌的。星星之火，可以燎原。一个人只要燃起希望之火，再大的困难与挫折于你而言都不足为惧。

培养策略 / Training Strategy

要提高孩子的逆商，就要点燃孩子心中的希望。家长可以采取放大孩子优点的策略，对孩子的点滴进步都要加以鼓励，让孩子看到希望，以激励孩子树立战胜困难的决心，引导孩子勇敢地向困难挑战，鼓起前进的风帆。

小小探险家在行动

暑假一到，学校生物兴趣小组的几个同学就相约到城北郊外的森林去探险。可刚走到一半，聪聪就喊累不想去了。下面是和他同去的几个同学的话，你认为谁说得对呢？

■ 几个同学的看法 ∕

A.明明：没关系，你要实在不想去，我就陪你一起回去。

B.刚刚：加把劲，马上就要到了。森林里可有意思了，到了那里我们可以采集很多标本，到时候贴在兴趣小组的橱窗里多有意义啊。

C.强强：真没出息，不去赶紧回去，反正我们几个去也一样。

■ 点评 ∕

选A的同学：

　　你很有同情心。不过你要是能鼓励聪聪，并和他一起去探险就更好了。

选B的同学：

　　你能够给聪聪一个希望，鼓励他继续前行，一定是个高逆商的孩子。

选C的同学：

　　你太没有爱心了，怎么能丢下同学不管呢？

所以B是最佳选项。

■ 专家悄悄话 ∕

　　在遇到阻力时，想象自己在克服它之后的快乐，你就能积极投身于实现自己目标的具体实践中，不懈奋斗，坚持到底。

纤纤小草，也能长成一棵树

● 着眼于小处，并持之以恒，也定能获得巨大的成功。正如纤
纤小草，也能长成一棵树。

中专学历的茜，一毕业就在一家物资公司当文秘，干了好几年，仍然是一个默默无闻的小职员。

她每天的工作，就是把当天的各种资料输入电脑，然后打印出来，送交给相关的部门。

但茜有一个优点，忒爱干净，一有空，就拖地板，擦桌子，她小小的文印室总是窗明几净。

茜是一个苦命却又很要强的孩子。她十岁时，便失去了父亲。妈妈一手将她千辛万苦拉扯大。

妈妈是个幼儿教师，也是个极有条理、非常爱整洁的人。一下班，她除了照顾心爱的女儿，就是收拾家里。

妈妈经常对茜说："古人说过，一室不扫，何以扫天下。"茜也很懂事，为了减轻妈妈的负担，她一有空就把家里打扫干净，让劳累的妈妈有个心灵上的慰藉。

工作以后，因为打字工作单纯而又清闲，闲暇之余，茜便情不自禁地去擦拭那棵橡皮树。

这棵橡皮树就长在茜工作单位租住的那幢公寓的走廊里，它长得青翠欲滴，郁郁葱葱，显得生机盎然。

每过一两天，茜就会用一块柔软的湿布轻轻地揩着橡皮树的叶子。

茜是多么喜欢橡皮树那一尘不染的翠绿！它不仅装点了严肃的办公环境，也为自己的心灵添加了一抹纯净。她曾在橡皮树旁拍过一张照片，举着右手，伸出食指和中指，打出胜利的微笑。

在茜的悉心关照和呵护下，公司的这棵橡皮树，每一天都在走廊里展示着生命墨绿的光泽。

虽然几乎没有人去注意茜，但她总是精心地揩拭着橡皮树。对她来说，这好像是一种习惯，也是一种乐趣，一种享受。

茜的日子，如山谷小涧，宁静淡泊，波澜不惊。

有一段时间，茜病了，一连半个月没有上班。待她病好后，人事主管告诉她，她已经被升为办公室主任了。从一个小小的打字员升为一个部门的主管，这是她做梦也未曾想到过的。这又是为什么呢？

原来，公司的老板贺先生是一个新加坡人，非常爱整洁。平时，他的办公桌上总是一尘不染，摆放得井然有序，连签字也讲究端庄秀丽。同时，老板也是一个非常喜爱花草的人。

茜病了，走廊上的橡皮树便无人过问，早已落满了灰尘，显得蓬头垢面，一片衰败的模样。

老板发现，公司已经不能没有这个每天仔细地侍弄花草的女孩了。

当然，他也可以派其他的人去做这件事，但其意义已

大相径庭。

对提拔茜，有人表示不解，老板解释说："谁能几年如一日地去注意和爱护一棵树，这样重复单调的工作可能在别人眼里毫无意义，但这不仅需要毅力，更需要爱心。对一个企业来说，业务能力固然重要，但对集体的忠诚和关爱更为可贵。"

如今，茜已经成为公司的总经理助理。

她深有感慨地说，正是那棵橡皮树，使她从一棵无名的小草，长成了一棵树。

她还说，自己只是做了一件很小的事。其实，只要愿意，每个人都可以的，这并不难。

■ 撰文/崔鹤同

励志人生 / Endeavourers Life

在我们的生活中，许多人不喜欢从事琐碎、单调的工作。因为他们觉得这样的工作太平淡、太缺乏挑战性，而且很难取得成功。但正是这些具体的小事构建了成功的"大厦"，这里的一砖一瓦都彰显着细节的重要性。所以，这就需要我们在每件事情上极其认真、精细，这样，久而久之，你也会积"小"成大，步入成功的殿堂。

培养策略 / Training Strategy

逆商的培养离不开恒心与毅力，恒心是我们坚持理想的信念，而毅力则是我们实现理想的动力。对于我们学生来说，恒心与毅力的培养完全可以从生活中的一些小事开始。比如，你可以给自己订一个目标：每天早上做五千米慢跑，不论严寒酷暑，刮风下雨，都要坚持。如果在计划实施过程中遇到困难，也应在思想上多鼓励自己，坚持并实现目标。只有这样，你才能成为一个有恒心、有毅力的成功人。

杰克的暑期计划

　　暑假的第一天，杰克就给自己制订了一个学习计划：读十本课外书，写十篇作文，背三百个英文单词……可他光顾着玩了，到最后，一项计划都没完成。你对这件事怎么看呢？

■ 你的看法 /

A.他太没有毅力了，订了计划又不去执行，计划还有什么意义呢？
B.放暑假本来就是让我们玩的，没完成计划也没什么大不了的。
C.学习计划就是自己的目标，杰克应该尽最大努力去实现它。

■ 点评 /

选A的同学：
　　计划是为了完成一定的学习任务制订的，任何学习计划刚执行起来都难免会遇到一些困难，但你应该有足够的意志力，克服惰性，认真地将计划完成。
选B的同学：
　　放暑假虽然是休息，但也不能光顾着玩而放松学习啊。
选C的同学：
　　懂得有了目标就要努力实现的道理，这样就会有进步。
所以A和C是正确答案。

■ 专家悄悄话 /

　　"坚持"是计划实施过程中最难的。由于缺乏毅力与恒心，很容易虎头蛇尾。半途而废最浪费时间与精力，而且会动摇人的自信心。所以在实施计划时，一时看不到进步不要心焦，更不要气馁，不要轻言放弃。坚持！坚持一定能产生奇迹。

3 超越自我赢未来

——自信自强，全力以赴

　　我们每个人都渴望成功后的甘甜、胜利后的喜悦，但只有经受住风吹浪打的小船才能扬帆远航，只有自信自强的孩子，才能不为任何困难所阻挡，不屈不挠地抵达人生巅峰。

　　在本章的精彩文章和游戏中，你将会认识和学习提高自信自强的各种方法，如正确认知自我、自我鼓励和暗示等，从而巩固自己的逆商基石。

大海与床

● 如果在大海上死去，就害怕出海捕鱼，那么在床上死去，是不是就
  不敢上床睡觉了呢？

英国海边有一个无名渔村，村民们世世代代以打鱼为生。每天傍晚，渔民们就迎着万道霞光扬帆启程。他们终年孜孜不倦地劳作，为了打到更多的鱼，常常要冒着生命危险去到深海里。

虽然渔民们的生命随时都会被广阔无垠的大海夺走，但是，大海的巨大的吸引力从不因它的危险而减少。不管曾经发生和即将发生多大的危险，渔民们下海捕鱼的脚步从没有停息。

瑟尔德的父亲在一次出海捕鱼时，不幸被海浪吞没，其他的渔民想尽办法，总算把他的船带了回来。当瑟尔德和母亲得知了父亲的死讯，悲痛欲绝，哭了很久很久。第二天，瑟尔德就把父亲留下的船交给修船人修

补。不满七天，船就被修葺一新。

第七天晚上，瑟尔德去市场买网，地主的儿子拦住了他，问道："你是要买网吗？""没错，明天的这个时候，我就在海上捕鱼了。我父亲的船已经修好了。""你说什么？你父亲几天前才掉进了海里。你还要出海？难道你不害怕吗？""为什么要害怕？我是渔民的儿子，生来就是要出海打鱼的。"瑟尔德很奇怪地主儿子会这样问。"天呐！瑟尔德！你祖父是做什么的？""渔民。""请问他是怎么死的？""他出海捕鱼，因为狂风恶浪，就落在了海里。""你曾祖父呢？"地主的儿子继续问。"他同样死在海里了。""为什么你们祖祖辈辈都死在海里，却还要下海捕鱼。"地主的儿子目瞪口呆。

瑟尔德反问地主的儿子："请问你父亲死在哪里？""他活了很久，睡觉的时候死去的。""那你的祖父呢？""他因为生病，死在家里的床上。""你的曾祖父呢？""我父亲说，他也是死在床上的。""哦！天呐！"瑟尔德惊呼："你们祖祖辈辈都死在家里的床上，如今你睡在家里的床上，难道不觉得害怕吗？"地主的儿子被问得瞠目结舌，不知道该说什么才好。

■ 编译/孙晓华

励志人生 / Endeavourers Life

死在大海上和死在床上，结果相同，但意义迥异。生活中，有人选择拼搏，即使面临生死的考验也决不退缩；有人选择安逸享受，生活波澜不惊。在奋斗中死去，生命也变得壮烈；在安逸中度过一生，生命将失去应有的精彩，甚至不值一提。

培养策略 / Training Strategy

要提高孩子的逆商，就要注重培养孩子健康的心理素质、健全的人格。孩子的成长需要的是一个自由的空间，而现在的大部分父母都想给孩子一把"保护伞"，这就是造成当今孩子缺乏人格独立的原因。要想使孩子健康成长，父母应该果断地放开双手，比如让孩子自己去安排假期的学习时间、发展自己的兴趣等，让孩子在自由的空间里依靠自己的才智去自由飞翔！

凯凯博士的回答

学校请来从小就患脑性麻痹的凯凯博士来为孩子们作一次演讲。凯凯因为这种奇怪的病，五官错位，面貌丑陋。当演讲告一段落后，一个孩子小声地说："请问凯凯博士，你从小就长成这个样子，你是怎么看你自己的？你都没有怨恨过吗？"你认为自信的凯凯博士会怎么回答呢？

■ 你的看法 /

A.只看自己有的，不看自己没有的。

B.相信自己行，你才会真的行。

C.容貌不完美并不意味着我不能成为一个有所作为的人。

■ 点评 /

一个人最大的敌人就是自己。一个人如果不够自信，面对某一件事时，就会先自乱阵脚；而自信却能让人从容自如，让内心生出必胜的信念。要培养自信，首先应该乐观自强，要相信自己的潜能，相信别人能做到的，自己通过努力一定能做到，甚至能做得更出色。一个人如果有某些缺陷或者不足，也应当接纳自己，并从自怨自艾中走出来，乐观地面对生活。

所以A、B、C都是正确选项。

发愤努力的后进生

● 我们无法发挥潜能，只是因为我们不愿超越自己。记住，世界上没有不能进步的后进生，只有不愿改变的落后者。

童第周是我国著名的生物遗传学家，他曾用细胞移植的方法，在细胞核和细胞质关系的研究上，与他人合作，从鲫鱼的卵子细胞质内提取核糖核酸，注射到金鱼受精卵的细胞质内，培育出一种有鲫鱼和金鱼特征的"童鱼"，否定了生物学的中心法则，在遗传学上是一个重大突破。他先后发表论文、专著七十余种，是中国实验胚胎学的创始人之一。

童第周能取得如此辉煌的成就，与他少年时期刻苦好学、自信自强、战胜挫折是分不开的。

少年时期的童第周家境贫困，靠借债度日，经常是吃了上顿没下顿。他没有上过小学，到了十七岁才有幸迈进中学的大门。

在中学的第一学期，由于没有小学的基础，童第周的考试成绩全都是"红灯高挂"。校长决定给他两条路选择，要么退学，要么留级。

童第周没有气馁，怯生生地走进校长办公室，请求校长再给他一次机会，并诚恳地说："为了我那含辛茹苦的父母，为了本校的荣誉，我一定发愤努力。父亲从小就对我说'滴水穿石'的道理，我相信，只要我抓住每一分钟、每一秒钟，以顽强的毅力学习，我一定能取得好成绩。如果下学期我还无长进，一定退学。"

校长被他的真诚所感动，满足了他的愿望。

童第周终于又能踏实地坐在教室里了。他知道这次学习的机会来之不易，于是面对生活上、学习上的种种困难和挫折，没有丝毫的退缩。他刻苦学习，"把每一秒钟都化为一滴水，冲击着科学文化之石"，连吃饭、休息的时候也不放过，积极向同学请教问题。

一天深夜，教数学的级任陈老师办完事情回到学校，发现在昏黄的路灯下有个瘦小的身影在晃动，陈老师想："深更半夜的，谁还不回寝室就寝呢？"陈老师带着疑问走过去一看，原来是童第周正在借着路灯的光亮演算习题。

"这么晚了你怎么还不回寝室休息呢？"陈老师关切地问。

"陈老师，我要抓紧时间把功课赶上去，我不要做倒数第一名。"童第周用坚毅的声音回答道。

陈老师望着童第周瘦小的身躯，心疼地劝他回去休息。可是陈老师走出不远，回头一望，童第周又站在路灯下捧着书本读了起来。陈老师被深深地感动了，他深深地理解童第周的志气，为自己有这样的学生感到自豪。

童第周不仅勤奋，还有一种刻苦钻研的精神。为了在最为困难的数学学习上有所突破，一次课后，他在操场上用石片画了个井字，然后往九个格子里填数字，求解"洛书幻方"。有些同学取笑他，他却谦和地请同学一起解。这时，有位老师走过来，见同学解不出来，就启发他们"动脑筋，找规律"。

童第周听了，恍然大悟：从1加到9和是45，幻方有三行，每行是45

除以3等于15，三个数相加之和为15，它们的算术平均数是15……他终于会解"洛书幻方"了。从中，他感悟到学习要勤思考，找规律，讲方法；他体验到："我并不比别人笨，只要自己刻苦努力，勤奋学习，什么都能学会，什么都能做到。"这个体验成为他成才过程中面对挫折的座右铭。

"世上无难事，只怕有心人。"童第周以十倍于别人的努力，经过刻苦学习，在第二学期不仅消灭了"红灯"，而且在期末考试中，数学得了100分，总分名列第三。

校长无限感慨地说："我当了多年校长，从来没有看到过进步这么快的学生！"

从此，童第周更加发愤地刻苦学习，成为一个品学兼优的学生，以自己的实际行动赢得了同学们的尊重。1924年7月，童第周在哥哥的支持下，考入复旦大学，从此，他开始了追求科学、献身事业的漫漫求索之路。

■ 撰文/佚名

励志人生 / Endeavourers Life

在落后的情况下，童第周没有在心理上默认自己会永远落后，继而心甘情愿地成为一名失败者；而是坚信没有过不去的坎，没有解决不了的难题，于是困难在他面前纷纷退缩。其实，超越自己，并不是一件多么难以实现的事。

培养策略 / Training Strategy

做任何事情，提前做足了功课，想不自信都难。你是否害怕考试？你是否担心自己在课堂上回答不上来老师的提问？你的不自信只源于你没有提前做好功课。因此，要想使自己变得自信起来，就要对你即将面临的挑战事先有一个充分的了解，这样，当面对挑战时，你就不会再退缩了。

旁听生考了个第二名

小樱勤奋好学，却因为家里穷，上不起学，校长便让她做了学校的旁听生。第一次考试，小樱因以前知识太欠缺，考了全班倒数第一。然而，她没有气馁，而是发愤苦读，期中考试时居然考了全班第二名。对此，你有什么看法？

■ 你的看法 /

A.小樱运气太好了，我要有她这么好的运气就好了。
B.她的自强不息精神值得我们学习。
C.自信和不服输的精神，让她朝着目标一步步前行。

■ 点评 /

选A的同学：

成功不是单靠运气那么简单。如果你不付出努力，肯定一事无成。

选B的同学：

小樱能够坦然面对挫折和困境，勇敢地接受挑战，是我们的榜样。

选C的同学：

一个人只有自强不息、勇往直前才能取得成功。

所以B和C是正确选项。

■ 专家悄悄话 /

自信、自强是努力向上，是奋发进取，是对美好未来的无限憧憬和不懈追求。我们的一生都会经历许多的困顿和曲折，只要有了自信、自强的精神，就能摆脱困境，收获成功。

花儿的秘密

● 花儿需忍受寒冷寂寞，经历苦痛折磨，才能迎来生命的春天。人生
  又何尝不是在风雨过后才乍现绝美的彩虹。

当年的他，曾是个顽劣少年。父亲是精明的生意人，拥有几家连锁超市，含着银汤匙出生的他，深得家人的宠爱。

在校园里，"哥们儿"众星捧月般围绕着他，他们聚在一起嬉笑打闹，吹着轻飘的口哨。他天生聪慧过人，却不肯用心读书，成绩不好也不坏。

十六岁那年，他的生活轨迹发生改变，父亲的事业滑向低谷，母亲在争吵中离开了家。过去的朋友纷纷躲避他，去追逐新的时尚偶像，他一时跌入悲凉的境地。

班主任知道了这个情况，放学后，轻轻地拍着他的肩膀，说："我们到校园里走走吧。"

她在前面走，他紧随其后，显得心神不宁。路过一片花圃，缤纷的花儿抱成团，连成片，在阳光下绽露欢颜。

老师停下脚步，说："你看，多美的花。"他的眼睛望向别处，苦笑了一下。

又是一年艳阳天，春姑娘提着裙裾款款而来，他的心却依然灰蒙蒙，阴郁而清冷。他甚至想过中断学业，带着梦想去流浪。

"你知道花儿的秘密吗？"老师的话如一缕轻柔的风，吹进他的耳畔，"每朵花都要忍受寒冷寂寞，经历苦痛折磨，才能迎来生命的春天。"他愣住了，表面平静，内心暗涌。

老师拉着他的手，接着说："关键是要坚持、要忍耐，没有什么力量，能挡得住花儿的开放。"

老师的话像一缕阳光，融化了他心底的坚冰。此后，老师利用业余时

间给他补课，帮助他重拾自信，陪他走过最难挨的一段岁月。"我不想让老师失望，不能让别人瞧不起。"他在心里一遍遍地默念。两年后，他终于凭借实力考上了理想的大学。

他拿着录取通知书，跑到老师面前，激动得连声道谢。老师微笑着凝望他，一字一顿地说："今后的道路还很长，你要记得，一枝独放不是春，万紫千红才是春。"他重重地点头，记住了老师的教诲。

大学毕业后，他成为一家企业的管理人员，有了稳定的工作和收入。每个周末，当同事去郊游或购物时，他却一趟趟跑到儿童福利院。在做义工期间，他认识了六岁的女孩蔚文舒。文舒患有先天性心脏病，认识他之后，苍白的脸上多了些笑容。

他陪着文舒做游戏，给她讲生活中的趣闻，尽量满足她的小小愿望。其实，文舒的愿望总是很容易满足，一盒蜡笔或一个蝴蝶发夹，就能让她欢喜半天。

不知从何时起，文舒开始盼望他的到来，每次见到他，眼里尽是蜜一般的微笑。

有一次，文舒和几个孩子跑着玩，被撞倒在地晕了过去。他刚好赶到，匆忙打电话急救。文舒醒来后，他心疼地说："以后要乖，不能剧烈活动哦。"没有想到，六岁的文舒这样回答他："哥哥，有你陪着，我不再孤单，我要好好活着。"

在回去的路上，想起文舒稚嫩的童音，他忍不住潸然泪下。他也曾从孤独绝望中走过，知道困境里的孩子需要的是爱与信念。他从老师那里得到了最好的爱，现在他要做好爱的接力，陪文舒和福利院的孩子们走出自卑、孤寂和迷惘。

我们不能左右命运，但可以让内心开花。每朵花都开满了智慧，蕊如帆，瓣作舟，在风雨中兀自妖娆。人要像花儿一样活着，不管植根怎样的土壤，都应努力地绽放，带给人间一缕清香。

■ 撰文/顾晓蕊

励志人生 / Endeavourers Life

如花儿的绽放需要一个寒冬的等待，年少的我们也总要经历一些挫折和磨难才能快速成长，才能变得成熟。所以，对于学习生活中遇到的坎坷和困难，不用畏惧，勇敢地挑战，让暴风雨来得更猛烈些吧！那是磨炼我们翅膀的工具，也是促进我们成长的阶梯。

培养策略 / Training Strategy

巴尔扎克说：挫折对于强者来说是一块垫脚石，对于弱者来说则是万丈深渊。生活中的挫折我们无法避免，我们可以决定的只有自己在挫折面前的态度。如果我们以消极的心态面对挫折，从此一蹶不振，那么生活必将跌入万劫不复的深渊。如果我们以积极的心态看待挫折，把它当作一种历练、一种收获，那么谁敢说踏上这级垫脚石的你不会看见胜利的曙光？

"无敌将军"落败记

文文是曲棍球高手，代表学校得过无数奖杯，她为此洋洋得意。最近，班里转来一位新同学，文文约她一起去打曲棍球。不料，几个回合下来，文文这个"无敌将军"连连失败。终于，文文的脸上挂不住了，她把球拍一扔，气呼呼地说："不打了！"然后掉头就走。对此，你有什么看法呢？

■ 你的看法 /

A.输了那么多球真是太丢人了，还是赶紧溜吧。
B.人外有人，天外有天，输球是很正常的。文文的耐挫能力也太差了。
C.文文不应该气馁，应该总结经验教训，找出对路的打法，克敌制胜。

■ 点评 /

选A的同学：
　　遇到挫折就自认失败，气呼呼地走掉，输了球又输了人格，谁会喜欢这样的人呢？
选B的同学：
　　文文应该调整心态，提高对挫折的承受能力。
选C的同学：
　　文文应该想到自己有扎实的基本功，自己的曲棍球技术还是过硬的，增强自己的信心，然后再从挫折中吸取经验，想办法战胜对方。
所以B和C是正确答案。

■ 专家悄悄话 /

　　确实，面对挫折和失败，我们的心里肯定会感到非常不舒服。遇到挫折就一蹶不振，你永远只可能是个失败者，在遭遇失败后能勇敢地站起来面对新的挑战，才是生活的强者。

未来成功人 IQ EQ 全商培养

旧皮鞋

● 对待贫穷的不同心态，导致了一些人永远贫穷，而另一些人
则登上了别人难以企及的生命之巅。

他出生于英格兰西部坎伯兰的一个贫苦家庭，因为家庭经济常年拮据，父母靠节衣缩食才让他勉强念完小学和中学。

他从来不讲究穿戴，不和同学攀比，因为他深知自己的每一分学费里都渗透着父母的汗水，他对父母唯一的回报就是刻苦认真地学习。

由于成绩优秀，中学毕业后，他被学校保送进了威廉皇家学院。这所学校里的学生，大多数是有钱人家的子女，所以，衣衫褴褛的他自然成了另类。

那些不知贫穷艰辛的富家子弟，见他穿着寒酸，不但没有伸出同情和友谊之手，反而还经常讥笑、讽刺、奚落他，把他当作寻开心的对象。

他在校园里行走时，习惯了低头的姿势。

一天早晨，他穿着一双旧皮鞋走进了教室。那一瞬间，所有同学的目光都聚集到了他的脚上。

这是怎样的一双皮鞋呀！又旧、又大，与他的脚一点儿也不相称。于是，大家根据鞋不合脚进行了一番推理，结论是，这个穷小子穿的破皮鞋一定是偷来的。有几个同学还起哄说要把他从学校赶出去。

一时间，整个校园里都流传着他是一个小偷的传闻，一些学生还到校长那里告了他的状。

他很生气，真想去揍那些造谣的家伙，教训他们一顿。但他更明白，这里是富家子弟的天下，自己是穷人的儿子，如果真打起架来，触犯了校规，倒霉的肯定是自己。

他咬紧牙关，把眼泪咽到肚子里，尽量克制自己。

他没有想到，谣言重复多次就会变成真的。一天晚自习，在没有任何征兆的情况下，校长突然带着两个校警走进教室。

校长把他叫到前面，双眼死死地盯着他的双脚，然后让校警去搜他的书包。整个教室里鸦雀无声，那几个造谣的同学幸灾乐祸地期待着书包里的发现。

"校长先生，除了书本和一封信，什么也没有。"两个校警说。

"把那封信拿给我看。"

校长接过那封折得发皱、磨得起毛的信，打开信封，展开信纸，在学生们的注视下，他开始读起来：

孩子，刚提起笔，我就要流下眼泪，因为想到了你穿着那双既大又破的皮鞋走在校园里的情形。我的脚是40码的，而你的脚才35码，那双鞋你穿着一定不合脚。

我总是梦到别的孩子拿那双鞋取笑你，但是不要自卑，记住，穷人也一样会有出息的。最后，请原谅你贫穷的父亲吧，连为你买一双皮鞋的钱都没有……

读着读着，校长的嘴唇竟颤抖起来。

而他，再也忍不住了，"哇"的一声扑到校长的怀里痛哭起来。这哭声，诉尽了他经受过的所有不公。

那一刻，整个教室里沉寂至极，紧接着，一片啜泣的声音慢慢响起。

从此以后，他不再低着头走路，他决心要为

贫穷的父亲争一口气。就这样，他从贫穷里获得了无穷的动力，学习成绩从此一直都是最优秀的，原来的那些同学、老师、校长也开始对他刮目相看。

后来，这个穷人的儿子在人生的事业上硕果累累，从1907年起，他一直是英国皇家学会会员，1935年，他又被选为皇家学会主席。

他曾担任全世界十六所大学的名誉博士，而且是世界上一些主要学会的会员。

他获得过的奖章和奖金不计其数，其中最引人注目的是他和他的儿子共同获得了1915年度的诺贝尔物理学奖。

他的名字叫亨利·布拉格。

■ 撰文/黄兴旺

励志人生 / Endeavourers Life

亨利·布拉格面对人生的困境时，没有消磨意志，丧失信心，更没有自暴自弃，因为他知道：自信自强，才能提升人格境界；最大限度地发挥自己的潜能和价值，才能创造出精彩的人生。

培养策略 / Training Strategy

自信心的养成，除了外在环境的影响，更主要的在于你是否养成了自我肯定的习惯。如果你在心理上遭遇了逆境，不妨想想本文中的亨利·布拉格，然后对自己大声说："别人能做到的我一定也能做到！"这是给自己信心的一个重要暗示，只有自己给自己鼓劲了，才会有实现目标的动力，而动力会带领你走向成功之路。

姐妹花

小美和小苗是一对双胞胎姐妹花。两人虽然长得一模一样，可是性格却有很大不同：小美从小娇生惯养，什么事都让妈妈代劳；小苗却很独立，遇到问题总爱自己解决。这次，学校组织夏令营，小美成了大家的"小麻烦"，而小苗什么事都抢着做，获得了"夏令营之星"的光荣称号。对此，你有什么看法呢？

■ 你的看法 /

A.小美没有自理能力，都怪她妈妈从小没有好好培养她。

B.小苗真爱出风头，她的虚荣心太重了。

C.要想不成为别人的包袱，不被社会所淘汰，就必须从小学会自立自强。

■ 点评 /

选A的同学：

小美没有自理能力和遇事过分依赖别人、一切靠父母的思想是分不开的，父母虽然有一定责任，但也不能完全怪在父母头上啊。

选B的同学：

小苗靠自己的努力获得大家的认可，怎么能说她爱出风头呢？

选C的同学：

世界上最坚强的人就是独立的人。学会自立自强，我们才能坚强地面对生活中的一切挑战。

所以C的看法最正确。

■ 专家悄悄话 /

自强与自立是坚强品格的基石。一个人不能总依靠别人走路，要学会自己走路，只有丢开拐杖，破釜沉舟，依靠自己，才能赢得最后的胜利。

面对自己的勇气

● 你无法操控世界，但你可以控制自己；当全世界都否定你时，
你是否还有勇气肯定自己？

在英国，有一个名叫艾利森的女孩，她天生没有双臂，也没有膝盖和小腿，双脚直接长在大腿下面。

这种症状与无肢畸形十分相似，它正确的名称是海豹肢畸形。

在网上的医学词典里是这样解释这种病的："一种由于肢体发育不全而引起的先天性畸形，症状为手和脚长在缩短的胳膊和腿上。因像海豹的鳍而得名。"

渐渐长大的艾利森，终于发现了自己与别人的不同，她认为自己简直奇丑无比。

她心想，自己都感觉到了自己的丑陋，那别人在面对她的时候岂不是更不愿多看一眼。

她整天躲在家里不敢出门，情绪激动时便胡思乱想，究竟该以什么样的方式来结束自己的生命。

可是，父母将家里所有能对艾利森造成伤害的东西都拿走了，就连自杀，对于她来说都是如此的困难。

偏偏艾利森又是个爱美的女孩，特别是人体美，更是让她着了魔。她要求父母给她买来很多模特画册，她每天都会对着那些画册描摹，用图画来表达她对美的理解。

终于，经过多年的努力，她以优异的成绩考取了布莱顿大学。在学校的人体写生课上，她看到的全是健康的、比例协调的人体模特，没有一个残疾人。

艾利森在惊叹于别人的美丽的同时，也努力地完成了自己的作品，她

的作品充分展示了人体美的力量。

艾利森的导师马德琳教授在看了她的作品后，很直接地对她说：“我觉得你之所以画那么多健美的人体，是因为你不愿意面对你自己的身体。”

教授的话让艾利森难堪极了，她认为教授的话是对她的一种污辱，为此，她难过得几天没去上课，也没有画画。后来，她静下心来想了想，又觉得教授的话很有道理。

突然有一天，她在图书馆看到了一本杂志上印着维纳斯的雕像图，这不正是她自己吗？

艾利森激动得浑身发抖，同时，一个大胆的想法也渐渐地在她的脑子里形成了。

从那次以后，她再也不需要别的模特了，她开始画自己。

画完后，她还会仔细地端详，而且越看越高兴：“我原来也是个大美女呀！”

自从艾利森正视了自己的身体和生活现状后，她不但收获了一屋子的画，还拥有了很多朋友。

朋友们在看过她的画后，都忍不住地啧啧赞叹起来，并纷纷要求她开办个人画展。

令她没有想到的是，她的个人画展办得极其成功。一时间，她的画不但在英国卖火了，其他国家的朋友也纷纷向她求购。她的美丽像长了翅膀一样飞到了世界各国的许多家庭，她成了许多人心中的女神，人们称她为"现代维纳斯"。

每当有媒体记者去采访艾利森时，她总是无限感慨地说："多亏了马德琳教授的提醒，如果一个人连面对自己的勇气都没有的话，那么生活也不会正眼看你的。"

是的，要想得到世界的承认，首先必须获得自己的认可，只有勇敢地面对自己，才能让整个世界的眼睛向你看过来。

■ 撰文/沈岳明

励志人生 / Endeavourers Life

有些东西我们无法改变，比如寒微的出身、丑陋的相貌、残疾的身体和痛苦的遭遇。这些都有可能成为我们不敢正视自己的障碍。但有些东西则人人都可以选择，比如自尊、自信、毅力、勇气……它们是帮助我们跨越障碍的利剑。让我们一起勇敢地面对自己、认可自己吧！那么成功女神的目光也必将垂青于你！

培养策略 / Training Strategy

有时我们会特别重视自己的"外在形象"，身材不好、长得不够漂亮、过胖或者过矮等，都会使有些同学产生不自信的想法。那么，我们要如何克服这种自卑心理呢？"勤能补拙"，我们可以用自己的努力和勤奋，弥补自己的不足，努力争取进步，并在生活学习中寻找机会，利用自己的长处为别人服务。自己的能力得到了发挥，自信心就会逐渐增强。

难看的牙齿

小星有一副动听的歌喉，却长着一口难看的龅牙。一次，她在参加歌唱比赛时只顾掩饰龅牙，结果成绩很糟。一位评委对她说："要想成功，你必须忘掉牙齿。"小星醒悟了，慢慢走出了龅牙的阴影，最后成为一名耀眼的歌星。对此，你是怎么看的？

■ 你的看法 /

A.龅牙女孩都能当明星，太离谱了。

B.外貌不能决定一切，我们完全可以通过努力，发挥自己的长处，弥补自己的不足，从而迎来属于自己的成功。

C.只有自信，才能创造成功的机会。

■ 点评 /

选A的同学：

以貌取人可不对哦。

选B的同学：

每个人都有长处，把优点发挥到极致，你就会达到人生的巅峰！

选C的同学：

自信能让我们看起来更美丽，也能让我们勇敢地面对一切困难。

所以B和C是正确选项。

■ 专家悄悄话 /

看一些名人的成才故事，我们很容易就发现，那些取得伟大成就的人，都是具有极强自信心的人。自信能让人客观地认识自己，积极乐观地对待生活和事业中的各种挫折，从而走向成功。所以，拥有一颗勇敢而自信的心对于我们每一个人都是非常重要的。

你就是自己的神

● 命运就掌握在我们自己的手中，只要你不被困难的表象所吓
　倒，坚持不懈地努力，就一定能收获成功。

鲍尔士是18世纪俄国最著名的一位探险家。1893年，他在一次探险旅游中，遇到了瑞典探险家欧文·姆斯。

由于两人对极地风光都表现出浓厚的兴趣，他们决定一同沿北极圈做一次考察和探险。

经过两年的准备，1895年春，他们带着三条狗、两只雪橇和一张古地图，从瑞典北部城市约克莫克出发，一路向东行进。本来在冬季到来之前就能走完的路程，他们却走了一年零三个月，原因是在翻越楚可奇山脉时，欧文·姆斯摔断了腿。但最后，他们还是成功返回了约克莫克。欧文·姆斯认为，能完成这次旅行，没有鲍尔士的帮助简直是不可想象的。临分手时，欧文·姆斯再三感谢鲍尔士，并把一块珍贵的怀表送给鲍尔士作纪念。面对欧文·姆斯的盛情，年纪比欧文·姆斯整整年长二十岁的鲍尔士回答说："绝境中真正帮助你的是你自己，你用一条腿翻过了最狭窄、最艰险的山道。我没给你任何真正意义上的支持，谈何感激呢？"

后来鲍尔士在致欧文·姆斯的信中又说："请记住，在探险的道路上，你就是你自己的神，你就是你自己的命运。没有人能对你具有最终的支配权，同时除你之外，也没有人

能哄骗你离开成功的道路。"

1902年，欧文·姆斯来到东方文明古国——中国，他要独自一人穿越塔克拉玛干大沙漠。

塔克拉玛干沙漠面积三十三万平方千米，是中国最大的沙漠，被称为"死亡之海"。出发之前，很多人都认为他会被淹没在漫漫黄沙之中，但他却奇迹般地走了出来，成为世界上第一个活着走出塔克拉玛干大沙漠的探险者。对此，许多研究者归结为欧文·姆斯口袋中满满的金币和一位叫库利奇的维吾尔人的帮助。

我想，如果他们了解到欧文·姆斯有过北极圈探险的不平凡经历和鲍尔士对他所说的那番不寻常话语，他们就不会想当然地得出这个肤浅的结论了。

面对困难，我们每个人的大脑都会不约而同地闪现出"如果有谁来帮我一把就好了"这样的想法。但是，世界上一切成功的经验都告诉我们：危难中，真正的救星是我们自己。自助者神助，你就是你自己的神。

■ 撰文/刘燕敏

励志人生 / Endeavourers Life

没有人能分享你的生命，也没有人能替你抵挡生命的坎坷。遭遇困境，需要你的勇气与坚持；获得成功，需要你的自信与努力。不要试图去指望他人，命运与成功只有你一个人能决定。

培养策略 / Training Strategy

生活中，有些孩子自信心十足，把"我能行"常挂在嘴边，但也可见到一些胆怯、退缩、缺乏自信的孩子，总是说"我不会"。那么该怎样培养和促进孩子的自信心？最胆小怯懦的孩子，偶尔也会有大胆的举动，也会做得很好，做父母的必须努力捕捉这些稍纵即逝的闪光点，给予必要的甚至夸张的表扬、鼓励，以使孩子树立自信心。

足球惹的祸

有一个小男孩玩足球时不小心，用力过猛把足球踢飞了，这下可糟糕啦……你猜猜小男孩闯什么祸了？

A.足球撞到墙壁又弹了回来。

B.足球打到窗户上，玻璃立刻应声而碎。

C.足球自然掉落，什么事也没发生。

■ 测试结果／

A.你有强烈的自我意识，凡事都会坚持自己的意见，如果别人和你有不同的看法，你必定会争论到底，一定要证明自己的看法是对的。其实，每件事从不同的角度去研究，都会得到不同的结果，你应该把心胸放开阔一些，多接纳不同的声音，才能使自己更上一层楼。

B.你是一个责任感很重的人，总想把事情做得尽善尽美，因此给自己很大的压力。如果事情无法达成你预期的目标，你就会感到很愧疚，不敢面对别人；如果事情做得很好，你就希望得到大家的肯定。这种得失心，常让你觉得不安。要想快快乐乐地生活，就必须放松自己，不要太在意别人的看法。

C.你是一个缺乏自信的人，总想逃避现实。你不喜欢受拘束，也害怕失败，因此一看到不易解决的事，立刻采取回避的态度，致使自己丧失很多磨炼的机会。唯有培养自信，鼓起勇气面对现实，你才能开创美好的未来。

逆境的优势

● 挫折只不过是强者成功路上的一块垫脚石。法拉第唯一的优
　势，就是他总处于逆境之中，从不向挫折屈服。

法　拉第拥有伟大的一生，他凄苦的童年只是其中的一部分。他的父亲
　　　是伦敦市郊一个贫困的铁匠，收入微薄，身体虚弱。法拉第有许多
兄弟姐妹，吃不饱肚子司空见惯，有时甚至贫苦到一个星期才能吃一片面
包，读书对他来说更是天方夜谭。

　　为了让家人们不至于饿死，父亲带着五岁的法拉第来到了伦敦，渴望
改变贫穷的命运。不幸的是，伦敦的生活不但没有给家庭的经济情况带来
改善，反而让父亲的病情更加恶化，过早地离开了人世。

　　迫于生计，法拉第九岁那年就担负起生活的重担，开
始在一家文具店里当学徒。

　　贫苦并没有磨去法拉第勤奋好学的心。十二岁
的时候，法拉第利用卖报的机会，看报识字。十三
岁时，法拉第成为一家印刷
厂负责图书装订的学徒。印
刷厂里的书籍数不胜数，只
要有空，他就迫不及待地翻
阅装订好的书籍，连送货的
时间也被他利用起来看书。

　　法拉第急切地吸收着各
种知识。这个从来没有被食
物喂饱的孩子在精神上得到
了补偿。

慢慢地，他能够读懂的书越来越多。后来，他开始阅读《大英百科全书》。直至深夜，他翻书的手也没有停下。

法拉第尤为喜爱电学、力学以及化学。他没钱买书、买笔记本，就把印刷厂的废纸装订成册，用以抄写摘录各种资料，还常常自己配上插图。他尽一切可能将书本知识付诸实践，捡回废旧物品做出了静电起电机，用以进行一些简单的化学和物理实验。他还建立了一个学习小组，常常与青年朋友们一起讨论问题，交换想法。在此期间，形成了法拉第重视实践特别是科学实验的特点。

功夫不负有心人，一个好机会终于降临到法拉第的身上。英国皇家学会会员丹斯来到印刷厂，在校对自己著作的图时无意中看到了法拉第的"手抄本"。这位装订学徒的笔记让他大吃一惊，于是丹斯欣然送给法拉第几张听讲券，让他去皇家学院旁听。

法拉第极其兴奋地来到皇家学院，第一次旁听的就是英国著名化学家戴维的报告。法拉第格外用心地聆听戴维讲课，回家后将听课的笔记整理成册，装订成自己的"化学课本"。

法拉第总共听了戴维教授的四次学术演讲，这更加激发了他对自然科学浓厚的兴趣。为了迈入科学的殿堂，法拉第鼓足勇气，给戴维先生写了恳求信，同时送去了多达三百八十六页的戴维演讲笔记。笔记里不仅仔细补全了戴维教授没有讲到的内容，还配上了许多精美的插图。

这本笔记使戴维深为感动，法拉第细致、踏实、一丝不苟的作风给他留下了深刻的印象。这样良好的习惯对于科学研究具有极其重大的价值。戴维决定与法拉第见面。

在面谈时，法拉第恳切地说："先生，我的理想不在装订书籍上，我希望得到在皇家学院工作的机会，无论什么事情我都愿意做。做生意不能吸引我的兴趣，赚钱是自私自利的事情；可是科学能使人变得高尚而可亲，因为科学工作使人明白真理。"戴维非常赏识法拉第的人品和才干，决定让他成为自己的助手。法拉第十分刻苦努力，迅速掌握了实验技术，成为戴维不可或缺的助手。

过了半年，戴维带着法拉第到欧洲进行科学研究旅行，走访欧洲各国的著名科学家，观摩各国的化学实验室。

在这次长达一年半的旅行中，法拉第会见了安培等著名科学家，不仅增长了见识，还学会了法语。

返回英国后，法拉第开始进行独立的科学研究。没过多久，他就发现了电磁感应现象。1834年，他发现了震动整个科学界的电解定律。这一定律，为纪念他，被定名为"法拉第电解定律"。

通过勤奋刻苦的自学，法拉第从一个没读过小学的图书装订学徒工，迈入了世界一流科学家的行列。恩格斯对法拉第有极高的评价，称其为"到现在为止最伟大的电学家"。

世界上没有绝对的逆境，除非有人甘愿被逆境压倒。

■ 编译/甘盛楠

励志人生 / Endeavourers Life

法拉第并没有因为贫困而放弃自己求知的欲望，反而是在逆境中自强不息，最终成为世界著名的科学家。逆境有时候也是一种优势，关键看你如何对待它，当你勇敢地面对逆境时，它就会成为你前行的助力。

培养策略 / Training Strategy

如何培养孩子自强自立的精神呢？在美国，父母从孩子很小的时候起就让其认识劳动的价值，比如让孩子自己动手修理自行车、小家电，粉刷房间，到外边参加义务劳动等。我们的家长也可以借鉴这种做法，让孩子干些力所能及的家务活，靠自己的双手创造美好生活。

吹生日蜡烛

　　今天是你的生日，朋友们都来为你庆祝。只见一个大大的蛋糕上插满了生日蜡烛。就在你要吹蜡烛的时候，一个朋友开玩笑地问你："你能一次将所有的蜡烛吹灭吗？"你觉得自己吹蜡烛的结果会是怎样呢？

A.吹完一看好像全部都吹灭了，可是再仔细一看还剩下一根没有熄灭的蜡烛。

B.运气不错，全部吹灭了。

C.因为架势没摆好，所以只吹灭了一半。

■ 测试结果 ⁄

A.选择这个答案，说明你非常喜欢争强好胜，但心里有强烈的不安全感，若有人在某方面胜过自己，你就会感到不安。你总喜爱拿自己与别人比较，一旦感觉自己不如人，立刻会对对方产生嫉妒。所以，你需要调整自己的心态，学会评价自己和别人的能力，努力提高自己的心理承受力。

B.你是一个超有自信的人，你深深懂得只有在比拼中才能不断挑战自己，在较量中才能确立自信。不过由于自信心太强，有时会在面对挫折时无所适从，所以你还需要适时地放松一下自己，学会从容应对生活，这样，成功的幸福就自然会降临在你的身上。

C.你对待生活很消极。"反正我再怎么努力也赶不上别人"，这种负面的想法深藏在你的心中。你需要培养较积极的人生态度，这样才能将负面想法转变成超越别人的动力。

派蒂，向前跑

● 三千英里的距离，一个患有癫痫症的女孩不仅征服了脚下的
　路程，也征服了世界。

派 蒂·威尔森在童年时期就被检查出患有癫痫病，医生告诫她最好别
　　做剧烈的体育运动。

派蒂的父亲每天都会去晨跑，有一天早上他遇到了一个难题，因为派
蒂笑眯眯地问他："爸爸，你慢跑的时候可以带上我吗？"

派蒂的父亲想起医生的叮嘱，迟疑了一下还是同意了："宝贝，欢迎
你每天都跟爸爸一起跑。"

派蒂又说："可是我的癫痫万一中途发作了呢？"

父亲回答道："如果你发作了，我也知道怎样处理。明天我们就开
始吧。"

十几岁的派蒂就这样开始了她的长跑之旅。每天与父亲一起晨跑成了
她最欢乐的时光。这样的晨跑持续了几个星期，派蒂的病竟然一次也没发
作。从小她就被禁止游泳、打球，任何具有攻击性的，或者消耗体力较大
的活动她都没有参与过。这么多年来，她终于尝到了运动的快乐。

这几个星期的锻炼，让派蒂拥有了一个不可思议的梦想，她对父亲
说："爸爸，我想打破女子长跑的世界纪录。"

派蒂的父亲查询了吉尼斯世界纪录，当时女子长跑的最高纪录是
八十英里。那会儿刚刚高一的派蒂为自己定立了一个四年目标："今年我
的目标是跑到旧金山（四百英里）；高二时，要跑到俄勒冈州的波特兰
（一千五百多英里）；高三时则要向圣路易斯前进（约两千英里）；高四
的终点就是白宫（约三千英里）。"

虽然派蒂的身体状况跟一般人不太一样，但这并不能阻碍她的热情与

理想。癫痫病对她而言只是一个小小的问题。她从不因此自怨自艾，反而更珍惜自己现在所拥有的一切。

第一年，派蒂穿着印有"我爱癫痫病患者"的短袖，一直跑到了旧金山。她父亲始终伴她左右，她做护士的母亲也驾驶着旅行拖车跟在后面，为父女二人提供帮助。

第二年，班上的同学成了派蒂身后的支持者。他们举着巨幅的海报为她呐喊，海报上印着后来她自传的书名——"派蒂，向前跑！"但她在前往波特兰的途中扭伤了脚踝。医生诊断的结果是："你必须立刻停止跑步，把脚踝打上石膏，不然以后行动都会不方便。"

派蒂回答医生："请您听我说，跑步是我一辈子的最爱。况且我跑步不仅是为了自己，而是想让所有人相信，身体不健全的人一样能跑马拉松。您可以帮助我跑完这段路程吗？"

医生看着那张无比坚韧的小脸，无奈地表示可以暂时用胶布包住她受伤的地方。但他严肃地提醒，这样她的脚不仅会起水泡，还会比现在疼上好几倍。派蒂毫不犹豫地答应了。

拖着受伤的脚，忍受着难以想象的痛苦，派蒂终于抵达波特兰，最后一英里是俄勒冈州州长陪她跑完的。终点处，早已有一面写着红字的横幅在迎接她："顶尖长跑女将，派蒂·威尔森在她十七岁生日时创造了光辉灿烂的纪录。"

第四年，派蒂用四个月完成了她的目标。她跨越了从西海岸到东海岸的距离，顺利抵达白宫。在被总统召见时，她说："我想向人们证明，癫痫患者一样能过正常的生活。"

我曾经在某个研讨会上讲述了派蒂的故事，会议结束后，一位高大魁梧的男士跑到我面前。他饱含热泪，紧紧握住我的手说："我叫吉姆·威尔森，派蒂就是我的女儿。"他告诉我，在派蒂的努力下，他们已筹集到大笔基金，马上可以在全国范围内建立十九所癫痫治疗中心。

派蒂·威尔森给我们做了美好的榜样，现在想想，身心健全的你不是应该有更大的发挥吗？

■ **撰文**/马克·汉森 ■ **编译**/肖琭珺

励志人生 / Endeavourers Life

在不幸和挫折面前，勇敢的人像太阳，照到哪里哪里亮；畏缩的人像影子，永远黯淡无光。小女孩派蒂用她对生命的抗争照亮了整个世界。勇敢面对人生的苦痛，不幸的荒原一样可以开满鲜花。

培养策略 / Training Strategy

正确、全面地认识自己可以培养我们的自信心。我们要善于发现自己的长处和优点，客观对待自己的缺点和不足。比如，你可能唱歌五音不全，但你的数学成绩每次都能拿满分呢。每一个人都有优点，每一个人也都有缺点。我们不能因为自己有缺点就看不起自己，应该相信"天生我材必有用"。

翠翠的烦恼

翠翠觉得自己在班里什么都不行，事事不如别人。不但班干部当不上，前两天班里组织十名同学去敬老院帮忙打扫卫生，这么简单的事自己都没有被选上。翠翠心里别提多难过了。翠翠怎么做才能消除自卑心理呢？选出你认为正确的吧。

■ 你的看法 /

A.那还不容易？只要我行我素就行了，别管别人怎么想，自己想干什么就干什么。
B.多想想自己的优点，抓住时机，发挥自己的优势，让别人看到自己的能力和作用。
C.不要事事总是和别人比较，要善于发现自己的进步，学会自己鼓励自己，自己为自己喝彩，总有一天大家都会发现你的闪光点的。

■ 点评 /

选A的同学：
放任自己可不是自信的表现哦。

选B的同学：
证明了自己的实力，翠翠就会发现原来"我也能行"，自信心自然会提高。

选C的同学：
看到了自己的努力成果，看到自己能力的不断增强，想不自信都难。

所以B和C是正确选项。

■ 专家悄悄话 /

自信就像催化剂一样，可以把人的一切潜能调动起来，使我们有勇气面对生活中的各种困难。所以，我们在做任何事情之前都应该信心十足，相信只要努力了就一定可以获得成功，不要还没上阵就打退堂鼓，否定自己。

柔弱的人

● 宽以待人是美德，但过分地屈从与忍让却是懦弱。如果你也
遭遇了不公正的待遇，你是否敢大声说"不"？

前几天，我抽时间叫来了孩子的家庭教师尤丽娅·瓦西里耶夫娜，我请她到我的办公室来结算一下她的工钱。

她一进门，我便对她说："尤丽娅·瓦西里耶夫娜，您请坐！现在，让我们算一算您的工钱吧！我想，您应该要用钱，可您太拘泥于礼节了，自己是不肯轻易开口的……嗯……我们之前是和您讲妥的，每月三十卢布……"

"先生，是四十卢布……"尤丽娅·瓦西里耶夫娜小声回答。

"不，是三十卢布……你看，我这里是有记载的，我向来都是按照三十卢布来支付教师的工资的……嗯，我看看，您在这里待了两个月……"

"不，先生，应该是两个月加五天……"尤丽娅·瓦西里耶夫娜的声音更小了。

"是整整两个月……你仔细看看，我这里就是这样记载的。那么，这就是说，我应该支付六十卢布……再扣除九个星期日……实际上，星期日您没有和柯里雅在一块儿学习，那个时候，你们只不过是在游玩……另外，其中还度过了三个节日……"

尤丽娅·瓦西里耶夫娜骤然间涨红了脸，她低着头，无力地牵动着衣襟，但她一句话也没有说。

"这三个节日的工钱应该一起扣除，所以要扣十二卢布……这儿写着柯里雅生病了，有四天没有学习……那些天您只和瓦里雅一个人学习了……再加上，您牙痛了三天，我妻子批准您午饭后休息了……十二加七

等于十九，这个要扣除……还剩下……嗯……四十一卢布，您说对吧？"

尤丽娅·瓦西里耶夫娜的左眼已经微微发红，眼泪慢慢地润湿了她的眼睛，她的下巴不停地在颤抖。突然，她神经质地咳嗽起来，然后轻轻地擤了擤鼻涕，从始至终——她都一言不发！

"还有，年底的时候，您打破了一只带底碟的配套茶杯，这个得扣除两卢布……这茶杯价值连城，它是我们的传家之宝……哦，上帝保佑您！我们的财产因为您而处处损失！然后，由于您的粗心大意，柯里雅爬树了，还撕破了贵重的礼服……这个要扣除十卢布……还有，女仆偷走了瓦里雅的一双皮鞋，这个也是由于您的玩忽职守，您应该对一切负责，您是拿了工钱的啊！所以，这就是说，还得扣除五卢布……是的，一月九日您还从我这里预支了九卢布，您没忘记吧……"

"我没支过！"尤丽娅·瓦西里耶夫娜的声音有点儿沙哑了。

"可我这里明明有记载！"

"嗯……那就算这样吧，也行。"

"这么看来，四十一减去二十七等于十四。"

尤丽娅·瓦西里耶夫娜两眼充满了泪水，她那修长而俊美的小鼻子上挂满了汗珠，多么令人怜悯的小姑娘啊！

过了一会儿，她用颤抖的声音说："有一次，我只从您夫人那里预支了三卢布……从那以后，就再也没支过了……"

"是这样吗？那么说，是我这里漏记了！得从十四卢布里再扣除……好啦，这是您的钱，最可爱的姑娘！对啦，还有预支的三卢布……三卢布……又三卢布……一卢布再加一卢布……好了，您请收下吧！"

我把十一卢布递给了她，她伸出双手小心地接了过去，并喃喃地说道："谢谢。"

我像被什么东西刺了一下，从座椅上一跃而起，并开始在屋内不停地踱来踱去，一股强烈的憎恶感使我变得不安起来。

"您为什么说'谢谢'？"我问。

"因为给钱……"

"可是我明明洗劫了您，天啊，我是在抢劫！我偷了您的钱！可您为什么还说'谢谢'？"

"如果是在别处，一分钱都不会给。"

未来成功人 IQ 全商培养

"不给？哈哈！我在和您开玩笑！这玩笑对您来说确实是太残酷了……我会给您应得的八十卢布！您看，我已事先装在信封里了！可是，您为什么不抗议呢？为什么要沉默不语？难道生在这个世界上，应该要这么软弱吗？"

尤丽娅·瓦西里耶夫娜只是苦笑了一下，而我却从她的神情中看到了答案，那就是"可以"。

后来，我请她宽恕我开的这个残酷的玩笑，然后把八十卢布递给了她。她有些羞怯地点了一下数，然后就出去了……

看着她的背影，我不禁沉思道："想在这个世上做一个有权势的强者，原来是如此的轻而易举！"

■ 撰文/契诃夫　　■ 编译/李珊珊

励志人生 / Endeavourers Life

身处陌生的环境，面对不公正的待遇，我们该如何应对？像尤丽娅·瓦西里耶夫娜一样步步忍让、默默忍受吗？哦，不！我们该学会向不公正的对待宣战，勇敢地为自己站起来。未来的生活充满了各种可能，父母和老师不可能永远在我们身边，只有学会独立地面对困难，我们才能真正地成长。

培养策略 / Training Strategy

在孩子的成长过程中，父母不可能一路搀扶，只有让孩子学会自强自立，懂得靠自己的劳动来创造美好生活的道理，才能让孩子从容地面对今后生活中的各种困难。比如，孩子去上学，家长可以让他自己和小伙伴结伴去，而不是开车接送。放手让孩子自己去干，孩子可能有时会跌倒，但只有这样，才能真正地锻炼孩子，提升孩子的逆境商数。

你是一个独立的人吗

　　烈日炎炎，实在是太热了。你和三个小伙伴打算乘出租车去游泳，那么你通常会选择哪个位置呢？

A.司机旁边
B.后排中间
C.后排右边
D.后排左边

■ **测试结果**

A.你是个积极、认真的实践主义者。你可以独自地将一项任务完成得很好，就连一些需特别注意的细节，你也事前考虑得非常全面。所以，一旦遇到突发状况，你也不会手忙脚乱。

B.你是一株柔弱的藤蔓，总喜欢依附在强而有力的树干上。所以，你通常只适合完成一些团体性的任务。

C.你有当领导的才干。事无巨细，你都整理得一丝不苟，又善于照顾别人，很适合当班干部。所以，需要独立完成的工作，当然难不倒你了。

D.自卑与自尊常在你心里反复交战，在听课时你也喜欢坐在角落的位置，很不容易和陌生人熟稔起来，所以独立性的工作对你有一定难度。除非你愿意跨出那一步，让自己变得自信起来。

一串葡萄

● 要想有一个精彩的人生，你必须学会为自己的错误负责。因
为只有尝过酸涩，葡萄才会分外甘甜。

小时候，我非常喜欢画画。但是，由于颜料不好，我怎么也画不出让自己满意的图画来。

我的同学吉姆有一盒上等的进口颜料，其中最美丽的要数蓝色和胭脂红色了，简直美得让人赞叹。所以我总是在心里偷偷地想着，要是我也能有一盒吉姆那样的颜料该多好啊！

一天午饭后，大家都在运动场上嬉戏打闹，我一个人坐在教室里。我满脑子都是吉姆的颜料。真希望能拥有它们啊！

这个念头一出现，就让我脸红心跳。正在这时，上课铃响了，我猛地站了起来，鬼使神差般地走到吉姆的桌旁，拿出了蓝色和胭脂红色颜料，迅速放进了我的衣兜。

上课时，我的心情还跟刚才一样紧张，压根没听见老师讲课的内容。

下课铃终于响了，我紧张的心情慢慢放松了下来。但就在这时，吉姆和其他三四个同学向我走来。

"你拿了我的颜料吗？"吉姆问。

我刚想申辩，一个人已经把手伸进了我的衣兜。完了！那两管颜料被他们发现了！我羞得无地自容，眼前漆黑一片。

我为什么干出了这种丑事？无助的我不禁抽泣起来。

大家吵吵嚷嚷地把我推到二楼办公室那儿，我最喜欢的班主任老师的房间就在那里。

老师正在写着什么东西。他们把我拿吉姆颜料的事向老师详细告发了。老师认真地看了看同学们，又瞅了瞅快要哭出来的我，然后问我：

"这是真的吗？"

虽然事情是真的，但我怎么也不愿告诉最喜爱的老师自己做了这种事，我终于忍不住哭出声来。

老师让其他同学回去了。她走过来抱住我的肩膀，轻声问道："把颜料还给他了吗？"我使劲儿点了点头。

"你觉得自己做的事是令人讨厌的吗？"老师心平气和的话让我更难过了，悔恨的眼泪流个不停。

"别再哭了，明白了就好。我去上课，你在这儿等我回来，好吗？"老师拿起书，然后从攀到二楼窗口的葡萄藤上摘了一串葡萄，放在还在抽泣的我的腿上。

放学后，老师回到房间，看见葡萄还完好地放在那儿，就把它放进我的书包，说："回家吧，明天一定要按时来学校呀，老师如果看不见你，会很伤心的。"

第二天我刚到学校，吉姆就跑过来，拉着我的手，把我领到老师的房间里，他仿佛已经完全忘了昨天的事了。

老师在门口等着。

"吉姆，你真是一个好孩子，你理解我的话了。"老师又转向我，"吉姆对我说，你不必向他道歉了。你们从现在开始做好朋友就可以了。握握手吧！"

老师边说边笑地看着我们，我害羞地笑了起来，吉姆也爽朗地笑了起来。

从那以后，我变了许多，不再像以前那么害羞了。

每到秋天，葡萄成熟的季节，我总是分外怀念这位老师，还有老师那双托着葡萄的美丽的手。

■ **撰文/**有岛武郎　■ **编译/**刘国华

励 志人生 / Endeavourers Life

金无足赤，人无完人。生活中的我们不可能不犯错误，关键在于发现了自己的错误之后，你是否敢于承认错误，是否愿意为之改正。错误并不可怕，只要你能勇敢地站出来，为自己的行为负责，对自己的过错负责，那么你依然是最有责任心的好孩子。

培 养策略 / Training Strategy

从小培养良好的行为习惯，增强自己的责任心，是提升逆商的有效途径。同学们可以尝试从小的、力所能及的家务活动做起，比如买早点、拿报纸、洗碗、扫地等，锻炼自己自立、自理、自律的能力，增强自己的责任意识，为将来步入社会做准备。

图画书弄丢了

小光将同学的一套图画书弄丢了，奶奶要他为自己的过错负责。小光为难地说："这套书要五十块钱呢，我可没钱赔人家。""你没钱我可以借给你，但你必须还我。"奶奶说。小光从此开始省吃俭用，还利用周末去卖报纸，终于攒足了钱，还给了奶奶。对此，你有什么看法呢？

■ 你的看法

A.奶奶太抠门了，小光又没工作，哪有钱还他啊？

B.奶奶是想让小光明白什么叫责任，教育他自己的过失要自己承担。

■ 点评

选A的同学：

看来你还不懂得做错事要自己承担责任的道理，要抓紧培养自己的责任心哦。

选B的同学：

你一定是个敢作敢当、勇于承担责任的好孩子。

所以B是正确选项。

■ 专家悄悄话

责任心能增强我们的独立性，对我们人格的发展、将来的事业成功具有极为重要的作用。所以，我们应该养成自己对自己负责的态度，而不是让别人替自己承担后果。

优势与劣势

● 厄运打不垮信念，只要找准方向，劣势也有可能会变成优势。

有一个10岁的小男孩，他在一次车祸中失去了左臂，但是他很想学习柔道。

几经周折，小男孩拜一位日本柔道大师做了师傅。他学得不错，可是练了三个月，师傅只教了他一招。小男孩有点弄不懂师傅的意思。

有一天，他终于忍不住问师傅："我是不是应该再学学其他招数？"

师傅回答："不错，你的确只会一招，但你只需要这一招就够了。"

小男孩并不是很明白，但他很相信师傅，于是就继续练了下去。

几个月后，师傅第一次带小男孩去参加比赛。小男孩自己也没有想到，居然轻轻松松地赢了前两轮。

第三轮稍稍有点艰难，但对手很快就变得有些急躁，在对方的连连进攻下，小男孩敏捷地施展出自己的那一招，又赢了。就这样，小男孩迷迷糊糊地进入了决赛。

决赛的对手比小男孩高大、强壮许多，也似乎更有经验。小男孩一度显得有点招架不住，裁判担心小男孩会受伤，打算就此终止比赛。然而师傅不答应，坚持说："继续下去！"

比赛重新开始后，对手放松了戒备，小男孩立刻使出他的那招，制服了对手，由此获得了比赛的冠军。

回家的路上，小男孩和师傅一起回顾整场比赛的每一个细节。最后，小男孩鼓起勇气道出了心中的疑问："师傅，我怎么只凭这一招就赢得了冠军？"

师傅答道："有两个原因：第一，你几乎完全掌握了柔道中最难的一

招；第二，就我所知，对付这一招唯一的办法就是对方抓住你的左臂。"

所以，小男孩最大的劣势变成了他最大的优势。

■ **撰文/**蒋光宇

励 志人生 / Endeavourers Life

一个成功的人，只有懂得以发扬自己的长处来弥补自身的不足，他才能够发掘自身才能的最佳生长点，扬长避短、脚踏实地朝着人生的最高目标迈进。因此，我们不必再为自己的缺陷斤斤计较，而应将自己的长处发挥到极致，创造出适合自己的完美人生。

培 养策略 / Training Strategy

在学习和生活中，我们经常会遇到这样那样的瓶颈，它们死死地卡住了我们的思维，让我们寸步难行。其实这一个个难以跨越的障碍，正是源于我们不会扬长避短。比如：面对重要考试时，我们可以把自己的强项学科拿出来，作为考试的"必杀技"，争取提高分数，再对准弱项，及时补救，避免犯错。

汤姆的百米测试

　　小个子汤姆天生体质弱，体育成绩经常垫底。这次体育课百米测试汤姆又跑了最后一名，好友劝他："你还是申请体育免考吧，总是倒数第一，多郁闷啊。""其实我挺自豪的，因为我每天都在进步。"汤姆却这样说。你怎么看待这件事？

■ 你的看法 /

A.汤姆太不知羞耻了，成绩这么差还说这样的大话。
B.汤姆能够战胜自己，通过自己的努力取得这样的成绩值得鼓励。
C.汤姆能够用乐观积极的态度看待生活，并没有因为自己的缺陷而自卑、消沉，甚至对生活失去信心，这一点很值得我们学习。

■ 点评 /

选A的同学：
　　每个人的身体素质都不一样，对于汤姆来说，能取得这样的成绩就是他的骄傲。我们应该鼓励他，可不能嘲笑他。
选B的同学：
　　对，战胜自己就是成功。
选C的同学：
　　积极乐观的心态能让一个人变得更坚强。
所以B和C都是正确选项。

■ 专家悄悄话 /

　　我们每个人身上都有这样那样的缺陷，所以，我们要以积极乐观的态度看待生活，不要强求自己在任何事情上都能够出类拔萃，只要尽了最大的努力，没有得第一也是成功。

自信是一把金钥匙

一个自信的人，更容易得到别人的信赖。拥有自信，就如同拥有了一把钥匙，它会为你打开机遇之门。

一、英语水平能力无要求。

二、政治面貌无要求。

三、长相无特别要求，只要不是公认的"恐龙"就可以；如果被人认为是"恐龙"也无所谓，只要你不认为自己是"恐龙"就行。

四、有耐心、有沟通能力和协作精神。

五、自认为能力差一点不要紧，只要你有学习精神就行。

六、不要求应聘者在校期间是优秀学生，不要求应聘者曾经获得过多少奖项，只要会写新闻稿或软文即可（一时写不好也不要紧，能在一定时间内学会就可以）。

七、工作经历无要求（有经验对应聘本职位没有加分帮助；没有经验前来应聘本职位也不减分）。

那天，贵州的莹如往常一样打开电脑，登入QQ，发现了群邮箱里老师发出的企业招聘信息。也许是经历了太多的希望与失望，她的心情早已失去了当初的热情与急迫，只是如点看新闻般地打开了文档。然而，她一下子就被以上"非常小器"公司的招聘信息所吸引，被它几乎"没有要求"的要求所震撼。

现在的大学生找工作很难，莹大学的最后一个学期，生活的重心就是找工作。她每天起床第一件事就是打开电脑邮箱，查看之前投的简历是否有回音，然后登入求职网站查看招聘信息，再投简历。就这样错失了三月，度过了四月，盼过了五月，来到了六月，她的工作依然没有着落。其间，她也参加过几次大型招聘会，不是专业不对口，就是工资待遇太差。

有的则是要求高得让人咋舌：要求有工作经验、英语水平高、计算机能力好，要求名牌大学毕业、硕士研究生学位……

她曾参加过一家汽车销售公司的招聘，因为公司有名气，待遇也好，所以应聘者趋之若鹜，仅他们学院就有二十多人参加，可最终却只录取了四人。屡聘屡败，莹的信心已消失殆尽，她显得沮丧而又烦闷。

现在"非常小器"伸出了橄榄枝，你敢接吗？莹想试一试，她的同学都说，哪有这样招聘的，不是招聘单位差劲就是骗人玩儿的，叫她别上当！莹想了想，决定试一试，探个虚实，又丢不了什么，于是就若无其事地投出了简历。

很快，"非常小器"公司负责招聘的吴先生回复了邮件。他介绍说，广东非常小器有限公司专注生产指甲钳，已跻身中国第一、全世界第三的位置。公司总经理、中国指甲钳大王、营销专家梁伯强是中国"隐形冠军"理论的实践者，他注重个人能力的最大发挥。吴先生发给她一份面试作文题目，说如果你符合公司的招聘要求，请根据提供的图片和漫画写两篇稿子，文章题目和交稿时间自己定。一切由自己做主，可以随意发挥，充分联想，多么人性化啊。

莹思绪如潮，妙笔生花，没过两天，她便把稿子发给了吴先生。隔天下午，她联系了吴先生，吴先生没有和她谈面试的事情，而是从她这里了解他们班其他几个应聘这一职位的同学的情况。她想他可能对其他同学比较感兴趣，自己获得这份工作的机会不大，还是祝福其他同学吧！但是在聊了很多之后，吴先生却说："祝贺你！你是唯一被录取的人！"

莹简直难以置信！她现在已是坐在敞亮舒适的办公室里的一位白领。问起当初录用她的缘由，吴先生说："不少求职者对公司的招聘信息表示怀疑，举棋不定，而你却是第一个投简历、第一个认真写好两篇稿子的人。我们愿意录用自信的人。一个自信的人才有勇气相信别人。"

■ 撰文/崔鹤同

励志人生 / Endeavourers Life

英国剧作家萧伯纳曾经说过："有信心的人可以化渺小为伟大，化平庸为神奇。"的确，人生之中，我们会遇到许多类似的机会，只要我们怀有对美好愿望的信心，蓄足通向成功的力量，然后坚持奋进，持之以恒，必定会开启成功的大门。

培养策略 / Training Strategy

建立自信最快、最有效的方法，就是去做自己害怕的事，直到获得成功。比如，上课你总是没有胆量举手发言，那就克服恐惧、战胜自卑，练习面对众人讲话吧。你可以从与朋友的聚会开始，大胆地发表自己的看法；然后，在小组会议上、在班会上、在各种公开场合，每次都积极主动地发言，你的自信心一定会得到不断提高。

绘画比赛

张铭是个腼腆的孩子，她喜欢用画笔描绘美好的生活。一次，学校里要举行绘画比赛，校长让每个班推荐一名同学参加，班主任找到张铭，对她说："这次绘画比赛你就代表咱们班参加吧。"张铭犹豫了，她担心自己画不好，给班里丢脸。你帮张铭拿个主意吧。

■ 你的主意 /

A.直接告诉老师自己不行，请老师换个人吧。

B.先答应下来，到时候再装病，老师肯定会换人。

C.这是一次难得的锻炼机会，信心十足地对老师说"我能行"。

■ 点评 /

选A的同学：

还没试怎么知道自己不行呢？这么没自信可不行。

选B的同学：

你不但没有自信，还用装病来欺骗老师，表现也太差了吧。

选C的同学：

既然被老师选中了，说明张铭的绘画水平还是很高的，那就勇敢地去参赛，证明自己的实力吧。

所以C是正确答案。

■ 专家悄悄话 /

作为一名学生，如果我们现在就不自信，每一天都弯着腰，不敢信心十足地说出"我能行"，那么我们将来怎么能够面对社会上形形色色的挑战，成为一个栋梁之才呢？所以，相信自己，告别"我不行"吧。今后再遇到难题，记得要说"我能行，我试试"哦。

最好的搀扶是不扶

● 不要总是习惯性地伸出援助之手，有时候，袖手旁观也是一种帮助。

曾读过一篇文章，是关于小马驹的。这篇文章讲述的是小马驹刚生下来时，像从水坑里捞出来的一根木棒，尽管它使劲地支撑前肢，力图站起来，但很快就倒下了。起来，倒下，又起来，一次又一次。这时，母马会走上前去，用鼻子对着湿漉漉的马驹喷出气来。小马驹嗅到母亲的气味，更加用力了，两条后腿也支了起来。四条腿弯弯地叉开着，然后重重地摔倒。

这样反复几次，小马驹终于站住了，并向母马那里走出几步，接着又是摔倒。而那母马看到小马驹向它走来时，不是迎接，却是向后退。小马驹贴近一步，它就后退一步；小马驹倒下了，它又前进一步。有人见母马故意折腾小马驹，让这么小的生命遭罪，就想过去搀扶一把。养马人却拦住了他，并说："一扶就坏了。一扶，这马就成不了好马，一辈子都是熊货！"

看过一篇报道，是关于"帝王蛾"的。说的是在蛾子的世界里，有一种蛾子名叫"帝王蛾"。帝王蛾的幼虫时期是在一个洞口极其狭小的茧中度过的。当它的生命要发生质的飞跃时，这狭小通道对它来讲无疑成了鬼门关，那娇嫩的身躯必须拼尽全力才可以破茧而出。不少幼虫常常就在往外冲杀时不幸身亡。

有人出于好心，拿来剪刀把茧子的洞口剪大。这样茧中的幼虫不必费多大的力气，轻易就钻了出来。但是，所有靠救助而见到天日的蛾子都不是真正的"帝王蛾"，因为它们飞不起来了。

原来，那狭小的茧洞正是帮助帝王蛾幼虫两翼成长的关键所在。穿越的时候，通过用力挤压，血液才能顺利送到蛾翼的组织中去，只有两翼充血，帝王蛾才能振翅飞翔。

在人生中，摔打、磨难，常常是生命中必须独自体验和经历的过程。逃避这个过程，你就永远也成不了千里马、帝王蛾。

生活中，有人在别人跌倒时，总是习惯于伸出挽扶之手，以为这是在帮助别人。其实，不扶，让其自己站起来，往往是最好的挽扶。这个道理连母马都懂，但我们却常常犯糊涂。

■ 撰文/佚名

励志人生 / Endeavourers Life

没有经历破茧之痛的蛾子，是飞不起来的，那是因为它的翅膀没有经过锻炼。人生的成长之路也是这样，只有亲自体验了痛苦和磨难，脚步才会更加坚实，才能在人生的道路上走得更远、更稳。

培养策略 / Training Strategy

有关孩子和家庭的一些事情，父母要和孩子共同商定解决，让孩子学会处理自己的事务，管理好自己，而不是一切包办。父母还应支持孩子参与正当的活动。比如，当孩子按自己的方式布置自己的房间或与同学一起踢球、参加科技小组等活动时，其主动性和自主性也能加强，如果父母过分担心和怀疑孩子的能力，禁止或限制孩子的这些活动，反而不利于培养孩子的独立性。

AQ
逆商
109
感谢挫折，感恩帮助

测测你的依赖心理

母亲节是五月的第二个星期天，康乃馨被视为献给母亲的花。如果在这一天没买到康乃馨，你会以哪种花代替送给母亲？

A.雏菊　　　B.百合花　　　C.紫罗兰　　　D.向日葵

■ 测试结果／

A.雏菊的花语是希望、勇气，意味着你想振翅高飞，不再依赖父母和家庭。你的心里已经暗暗地有独立的打算，对你而言，如果长大了不能独立是一件羞愧的事情。你的责任心很强，自尊心也很强，能够独当一面。

B.百合花的花语是纯洁高尚，意味着你的独立性其实很强，但却一直无法摆脱对父母的依赖，因为你老是想着时机未到。家对你而言，如同百合花语的感觉，无论走得多远，永远是最温馨的港湾。

C.你对父母的依赖性很高，如果不是万不得已，你是不会独立生活的。你是个很顾家的人，紫罗兰的花语是永恒，正是你心中家的地位。

D.向日葵的花语是爱慕崇拜，你就像棵小树，即使有一天枝繁叶茂，你也不会忘记根源。所以说，你对父母有很大的依赖性，纵然是事业有成，最渴望的还是童年的老家。

4 逆商大检阅

——打造心灵的韧度

　　遇到困难，你会选择逆风而飞，还是躲避风险？当生活给了你很多残酷的待遇，你是否会保持微笑，继续前行？……想知道自己的逆商指数到底有多高吗？那就用下面的试题检验一下吧。

　　本章共分为五个关口——热身关、启动关、加油关、冲刺关和终结关，习题难度呈阶梯化递增。希望你在闯关时能够迎难而上，挑战成功！

逆商大检阅 热身关

经过前面的学习和训练，想看看自己的逆商提高了多少吗？热身关马上就要开始了。同学们，你们准备好了吗？那就快随我一起完成下面的练习吧！不要紧张，冷静迎战，你们一定会拿到好成绩的。

001 考试失利以后

期末考试的试卷发下来了，小玉看着英语试卷上刺眼的65分，感到一切都完了。要知道小玉可是爸爸妈妈和老师的骄傲，以前功课门门都是90分以上的。从此以后，原本活泼开朗的小玉变得沉默寡言了，她的英语成绩也越来越差。你该怎么劝劝小玉呢？

A.英语考不好有什么要紧的？反正你又不打算出国。

B.一次考试失败了没关系，你只要找出这次失利的原因，再付出加倍努力，以后肯定能考好的。

C.反正都及格了，有什么好难过的？你看小春才考了40分，还不是每天照样高高兴兴的。

002 过河

在一次夏令营活动中，同学们遇到一条一米多宽的河。许多同学都跳了过去，胆小的夏夏不敢跳。同学们都在一旁鼓励她。夏夏鼓足勇气，使劲一跳，只听"扑通"一声，她掉到了河里。同学们哈哈大笑，夏夏却说："太好了，我终于掉到水里了，太凉快了。"对此，你有什么看法？

A.夏夏能够乐观、潇洒地面对不开心的事情，值得我们学习。

B.夏夏是不是吓傻了啊？

C.夏夏太会装了，她心里一定难过得要命。

003 最失败和最精彩

　　有一位画家把自己的画放在画廊上，请人们来点评。第一天他请人们把这幅画的败笔圈出来，结果一天下来，整幅画的每一个角落几乎都被圈出来了。画家觉得非常沮丧。画家的老师对他说："不要难过，明天依然拿这幅画，让人们把精彩的部分都圈出来。"结果，第二天结束时，画的每一个角落又都被圈出来了。对此，你有什么看法呢？

A.乐观积极地面对生活，生活就会对你微笑；悲观消极地面对生活，生活也会向你抱怨。
B.人们太无知了，分不清好画和差的画。

答案

■ 001>考试失利以后

　　B 每个人的学习、生活中都可能遇到不顺心的事，我们要用积极的态度来对待这些不顺，才能找到解决的办法，迎来曙光。考不好就找借口放弃，A未免太消极了；和学习不好的同学比较，而不是从挫折中吸取经验，找到继续前进的动力，C也不可取。

■ 002>过河

　　A 面对人生的困难和失败，能够大喊一声"太好了"，这说明夏夏具有积极乐观的生活态度。B和C只看到了事物消极的一面，这两种态度是不可取的。

■ 003>最失败和最精彩

　　A 打开窗户看夜空，有的人看到的是星光璀璨；有的人看到的是黑暗一片。所以，用积极乐观的心态面对生活，你才会发现生活的美好；一味地沉在不如意的忧愁中，只能使不如意变得更不如意。既然悲观于事无补，那我们何不守住乐观的心境，用乐观的态度来对待人生呢？

逆商大检阅 启动关

同学们，首先恭喜你们顺利通过了热身关。现在，你们已经来到启动关的关口前了。在进入挑战区前，我必须告诉你们，一定要用最真实的想法来回答，这样才能得出最准确的评价。

未来成功人 10 Q 全商培养

你是否充满自信？

对下列题目做出"是"或"否"的回答，以检测你的自信程度。　　　是　否

1.你对自己的容貌满意吗？…………………………………………… □ □

2.你是否不太喜欢照镜子？…………………………………………… □ □

3.你觉得自己的身体不够强壮吗？…………………………………… □ □

4.当别人给你拍照时，你相信他会拍出使你满意的照片吗？……… □ □

5.你觉得自己比其他人笨一些吗？…………………………………… □ □

6.你相信自己十年后会比其他人过得好吗？………………………… □ □

7.你是否常被别人挖苦？……………………………………………… □ □

8.是否看上去很多同学不太喜欢你？………………………………… □ □

9.你常常有"又失败了"的感觉吗？………………………………… □ □

10.你的老师对你的学习成绩感到失望吗？………………………… □ □

11.做错事情后，你常常会很快忘记吗？…………………………… □ □

12.与同学在一起的时候，你是否常常扮演听众的角色？………… □ □

13.你经常在心里默默祈祷吗？……………………………………… □ □

14.你认为自己使父母感到失望吗？………………………………… □ □

15.当与别人闹矛盾时，你通常总是责怪自己吗？………………… □ □

16.你是否不喜欢自己的性格？……………………………………… □ □

17.别人讲话时，你经常打断吗？…………………………………… □ □

18.你是否从不主动向别人挑战？…………………………………… □ □

19.做某件事情时，你常常缺乏成功的信心吗？…………………… □ □

20.即使不同意对方的观点，你也不习惯当面提出反对意见，对吗？… □ □

21.你是否自甘落后？ …………………………………………… □□

22.你对未来充满信心吗？ ………………………………………… □□

23.在班级里，你对自己的成绩进入前几名不抱希望吗？ ……… □□

24.参加体育运动后，你总是感到自己累得不行了吗？ ………… □□

25.遇到困难时，你常常采取逃避的态度吗？ …………………… □□

26.当你提出的观点被人反对时，你是否马上会怀疑自己的正确性？ … □□

27.当别人没有主动征求你的看法时，你会主动发表自己的意见吗？

………………………………………………………………… □□

28.对别人反对的各种事情，你总是充满自信吗？ ……………… □□

测试结果

■ **计分方法**

第1、6、11、17、22、27、28题，答"是"计0分，答"否"计1分。其余各题答"是"计1分，答"否"计0分。各题得分相加，统计总分。

■ **你的总分**

0~5分：你充满自信。

6~15分：总体来说你并不自卑。但

当环境出现变化时，你也会感到有些难以适应，对自己的能力有所怀疑。一般情况下，你最终能够恢复自信。

16分以上：只要一遇到挫折，你就会感到自己不行。你最好降低一下自己的期望值，调整自己追求的目标，以便从每次小的进步中享受成功的欢乐，逐步建立自信。

逆商大检阅 加油关

同学们，你们现在已经到达第三关——加油关了！感觉怎么样，是不是越来越难了呢？那么，就请为自己加油鼓劲吧，千万不要半途而废。充满信心迎战，胜利在前！相信你一定会在接下来的练习中取得更出色的成绩的！

001 话剧表演

小薇是学校话剧表演兴趣小组的台柱子，每逢重大节日，她都会和小组的其他同学为大家奉献一场精彩的演出。可在今年校庆晚会上，小薇却出事了。不知什么原因，一向台词背得滚瓜烂熟的小薇在台上居然忘词了。小薇最初不知所措，既而极为沮丧，打算就此退出话剧小组，再也不演话剧了。你该怎么劝劝她呢？

A.话剧可不是人人都能演的，早退出早好，省得以后有更丢人的事件发生。
B.我知道你能行，失败一次怕什么？你只要勇敢地面对失败，找回自信，勤加练习，一定能成功的。
C.我们的命运掌握在上帝手中，再怎么努力也不可能改变命运啊。还是认命吧，也许话剧真的不适合你。

002 让梦想变成现实

卡尔的梦想是当一名潜水员。他凭着顽强的毅力考上了潜水员学校，可临毕业时，一个主考官非常看不起身材弱小的卡尔。为了刁难卡尔，主考官将

一个装有小阀门、小零件、小螺丝的工具包刻意用刀割破后，扔进了大海，命令他必须组装好包里的零件，送上甲板才能拿到毕业证。卡尔没有气馁，他潜入海底，将这些零件一个个从淤泥里找出来，在冰冷的海水中奋战了3个小时，终于完成了任务。对此，你获得了什么启示？

A.在海水中奋战3个小时才完成任务……想想就害怕。卡尔干吗和自己过不去啊？太争强好胜了，当心以后吃亏。
B.卡尔能够为了自己的梦想不懈奋斗，真是好样的。
C.卡尔敢于迎接命运的挑战，有坚强的意志力。

003 卖报纸的宋海

由于家境贫穷，宋海只能靠卖报纸赚钱来交学费。班里有几个调皮的同学总是嘲笑他，说他一副穷酸样。宋海没有在这些嘲笑声中沉沦，而是在卖报纸的同时继续勤学苦读，年年期末考试都是全校第一。对此，你有什么看法？

A.贫穷、苦难都没有打倒宋海，宋海真坚强。
B.家里这么穷，干脆别上学了，干吗受这份罪？还不如早点出去打工。
C."穷且益坚，不坠青云之志"，只要把困境当成激励成功的垫脚石，一样能成功。

答案

■ 001>话剧表演
B 生活中会遇到各种各样的挫折，我们需要的就是永不言败的精神和战胜困难的勇气。我们的命运掌握在自己手中，只要我们不被困难打倒，终有一天会迎来成功。

■ 002>让梦想变成现实
BC 弱者面对磨难，只会徒劳地抱怨，喋喋不休地发牢骚，甚至一蹶不振、自甘沉沦，轻易地败下阵来；而强者却能把磨难化成一股奋进的动力，鞭策磨砺自己，并不断地努力，证明自己，最终实现梦想。A项缺乏一种迎难而上、不屈不挠的奋斗精神，显然是不可取的。

■ 003>卖报纸的宋海
AC 困境只是人生的一种际遇，面对困境我们要时刻告诉自己：坚强总会有结果，奋斗了，坚持了，也就离成功不远了。选B项的同学可要注意哦，你一点都没有承受挫折的能力，心理太脆弱了。

逆商大检阅 冲刺关

经过了前面三关的考验，你们已经来到了冲刺关的关口。同学们，你们做好冲刺的准备了吗？面对这一关，你们可不要大意啊。俗话说"行百里者半九十"，越到最后越能考验一个人的意志品质。加油！

001 素素请客

素素跟着父母来到了美国，为了和邻居小伙伴贝蒂尽快熟起来，她利用周末的时间到一家餐厅请贝蒂共进午餐。可是，就在她准备付账时，小贝蒂却掏出钱坚持自己买自己的单，素素尴尬极了。对此，你有什么看法？

A.吃个饭还要自己付自己的，美国孩子太看不起人了。

B.虽然说"亲姐妹，明算账"，可吃饭AA制，也太没有人情味了吧。

C.贝蒂做得对，这说明贝蒂从小就明白，要想得到什么就得自己去努力，不能靠别人，要学会自强。

002 小雷受处分了

小雷是班里品学兼优的好学生。可最近，他因不堪忍受外校一名同学对自己的挑衅，挥拳将那名同学给打伤了。小雷因此而受到了学校的处分，不但三好学生当不上了，恐怕保送上重点初中的名额也会取消。小雷心情坏极了，你该怎么劝劝他呢？

A.学校这不是在毁人前程吗？太过分了。

B.有些事情做了就永远无法改变，你现在要做的就是重新振作起来。只要你继续发愤努力，你还是大家眼中的好学生。

C.人无完人，是人都会犯错，关键是看你对待犯错的态度。正视错误，吸取教训，避免以后再犯同样的错，你就是强者。

003 查理和杰克

　　热爱唱歌的查理和杰克都梦想着有一天能够在神圣的国家歌剧院的舞台上演出。后来，两人一同去歌剧院应聘，杰克如愿成为歌剧院的一名签约演员，查理却落选了。然而，两人的命运却并不像人们预想的那样。前途一片光明的杰克最终只能在歌剧院当个配角演员，而落选的杰克凭着刻苦努力成为活跃在全国各地舞台上的流行歌星。对此，你有什么看法？

A.在逆境中能够继续坚持自己的
梦想，满怀斗志，不向困难低
头，你就能打破前进道路上的障
碍，获得成功。
B.我们能否获得成功，不在于我们
身处顺境还是逆境，关键还是看
我们是否有不服输的精神，是否
付出努力。
C.太顺了反而不能获得成功，请
上天多给我一些磨难吧。

答案

■ 001 > 素素请客
C 实行AA制，有利于培养人们自立自强的精神和为自己负责的主人翁意识。要想获得成功，只能靠自己的努力奋斗。AA制是美国的一种生活习惯，不存在看不起谁的问题，况且素素还是个孩子，经济没有独立，花的都是父母的钱，更没有必要慷父母之慨来展示大方。所以，A、B项都不正确。

■ 002 > 小雷受处分了
BC 当你能够勇敢地承担失败的责任，并能够坦然地面对自己的错误，在失败中奋起的时候，你就长大了。小雷因为一时冲动犯了错，本该受到惩罚，怎么能说是学校在毁人前程呢？A显然是一种推卸责任的看法。

■ 003 > 查理和杰克
AB 命运掌握在我们自己手中。遇到顺境的时候，我们只要不骄傲、不沾沾自喜，把顺境当作对自己的一种肯定，鼓励自己继续努力，向新的目标奋进；面对逆境的时候，只要不自暴自弃，努力拼搏，勇敢地向生活发起挑战，那么，不管是顺境还是逆境，我们都能获得成功。所以说，顺境不惰，逆境不馁才是成功的关键。

逆商大检阅 终结关

同学们，欢迎你们来到最后一关——终结关。通过前面的学习，你们是不是很想知道自己的逆商水平究竟有多高呢？那就做一下下面这套"逆商水平综合测试"题吧。衷心祝愿你们在今后的学习和生活中遇到困难的时候，能应付自如，勇敢地迎接逆境的挑战。

未来成功人IQ全商培养

逆商水平综合测试

请根据问题设定的情境快速回答下列问题。

1.如果你每天早上7点起床，今天6点就被一声巨响吵醒了，你的反应是：
A.非常烦躁，再也睡不着
B.有些不满，过很久才重新入睡
C.没有影响，立即重新入睡

2.你上学从没有迟到过，今天因为堵车迟到被老师狠狠批评了。这件事带来的影响将会：
A.永远存在　　　　　　B.持续一段时间　　　　　C.很快过去

3.好朋友犯了错却连累你被老师误解，给老师留下了坏印象。你能否改善这种状况？
A.完全能　　　　　　　B.不确定　　　　　　　　C.完全不能

4.你参加的航模兴趣小组在组装飞机模型时遇到了难题。你觉得你应该为改善这种状况承担多少责任？
A.一点责任也没有　　　B.有一部分责任　　　　　C.负完全责任

5.你很久没有锻炼身体，发现自己的免疫力下降了。你会从现在开始坚持体育锻炼吗？
A.会　　　　　　　　　B.不确定　　　　　　　　C.不会

6.你不小心把一只心爱的花瓶打碎了。这件事带来的影响将会：
A.永远存在　　　　　　B.持续一段时间　　　　　C.很快过去

7.你丢了对你来说十分重要的东西。这件事带来的影响将会：
A.永远存在　　　　　　B.持续一段时间　　　　　C.很快过去

8.老师坚决不同意你对班级工作的建议。这件事带来的影响将会：

A.影响我生活的方方面面　　　　B.不确定　　　C.仅限于这件事本身

9.你组织同学们进行的一次班级活动没有达到预期的目标。你认为你应该为这件事承担多大责任？

A.一点责任也没有　　　　B.有一部分责任　　　　C.负完全责任

10.如果对你来说很重要的一个网站连续关闭一周或很长时间，你的感觉会是：

A.感觉生活缺了点什么　B.有些不习惯，影响不大　C.完全无所谓

11.考试考砸了，老师当着全班同学的面批评了你。这件事带来的影响：

A.影响我生活的方方面面　　　　B.不确定　　　C.仅限于这件事本身

12.你的电脑系统又崩溃了，这已是本周发生的第三次。你能否改善这种状况？

A.完全能　　　　　　　　B.不确定　　　　　　　C.完全不能

13.你不小心删除了一份十分重要的邮件。这件事带来的影响将会：

A.永远存在　　　　　　　B.持续一段时间　　　　　C.很快过去

14.你没能买到一件非常喜欢的衣服。这件事带来的影响将会：

A.永远存在　　　　　　　B.持续一段时间　　　　　C.很快过去

测试结果

■ 计分方法

第3、5、12题，选A得3分，选B得2分，选C得1分。其他题目，选A得1分，选B得2分，选C得3分。请按照上述规则将每题的分数累加。

■ 你的总分

18分以下：你的逆商较低。这说明当你面对逆境时，会丧失奋斗的力量和解决难题的决心，通常碰到不如意时会认为都是别人的错，抱怨过后心情会更加沮丧，因而对你的学习生活带来很大的负面影响。

18~31分：你的逆商为中等水平。你可以处理一般的逆境，但当你遇到极大的困难时，就会乱了阵脚。在面对较大的改变时，你往往需要较长的时间和较多的努力去适应。

31分以上：你的逆商较高。你对来自学习和生活中的困难能应对自如，并敢于迎接逆境的挑战。你拥有乐观的人生态度，通常没时间抱怨，因为你正忙着想办法解决问题。

图书在版编目（CIP）数据

AQ逆商：感谢挫折，感恩帮助/龚勋主编．—北京：华夏出版社，2013.1
ISBN 978-7-5080-7250-0

Ⅰ．①A… Ⅱ．①龚… Ⅲ．①挫折（心理学）—青年读物②挫折（心理学）—少年读物 Ⅳ．① B848.4-49

中国版本图书馆CIP数据核字（2012）第249505号

出品策划：文轩出品
网　　址：http://www.huaxiabooks.com

未来成功人10Q全商培养

AQ逆商：感谢挫折，感恩帮助

总 策 划	邢 涛	出版发行	华夏出版社
主 编	龚 勋	地 址	北京市东直门外香河园北里4号
项目策划	李 萍	邮 编	100028
文字统筹	谢露静	总 经 销	新华文轩出版传媒股份有限公司
编 撰	李珊珊 甘盛楠		
责任编辑	李菁菁	印 刷	北京丰富彩艺印刷有限公司
		开 本	787×1092 1/16
设计总监	韩欣宇	印 张	8
装帧设计	乔姝昱	字 数	100千字
版式设计	乔姝昱	版 次	2013年1月第1版
美术编辑	安 蓉 邹 彧	印 次	2013年1月第1次印刷
图片绘制	小春插画设计工作室等	书 号	ISBN 978-7-5080-7250-0
印 制	张晓东	定 价	20.00元

● 本书中参考使用的部分文字及图片，由于权源不详，无法与著作权人一一取得联系，未能及时支付稿酬，在此表示由衷的歉意。请著作权人见到此声明后尽快与本书编者联系并获取稿酬。
联系电话：(010)52780202